墨菲定律

Richard Robinson
[英] 理查德·罗宾逊 著
马百亮 译

天津出版传媒集团
天津人民出版社

果麦文化 出品

致 谢

我遇见过的几乎每一个人和大多数无生命物体，都为本书做出了贡献。特别要感谢罗利·菲詹（Rory Fidgeon）和山姆·哈顿（Sam Hutton），他们审阅了全书，比尔·帕里什（Bill Parish）审阅了其中的数学部分。每当我遇到困难，塞齐（Thirzie）、菲利普（Philip）、朱迪（Judy）和莱奥尼（Leonie）总是会提供无私的帮助，在此向他们致以最崇高的敬意。

CONTENTS 目录

引言：无所不在的墨菲定律

墨菲定律凌驾于一切定律之上，随时发生，像一位不速之客，说来就来。无论你从事哪个领域的工作，它都有可能绊倒你，拖延你，挫败你。你越是努力，就摔得越厉害。

凡是有可能出错的事，终将出错。

就像所有伟大的定律一样，墨菲定律的表述极其简单。同样，像所有伟大的定律一样，一旦被表达出来，它就成为一个不言自明的真理。你与其相处的时间越长，就越意识到它对这个世界的掌控力有多强。你无从躲避，就如无法避免吐司掉到地上时，总是涂黄油的那面朝下一样。墨菲定律及其衍生定律将我们重重包围：

凡是不可能出错的事，也会出错；

想把事情做得更好，却只会让它更糟；

为了不出错而想要什么都不做，结果还是会出错。

1949年，美国加州爱德华兹空军基地进行碰撞测试的技术人员最早提出了墨菲定律，后来这一概念不胫而走，迅速传播开来。这一定律变化多端，随处可见。例如，人们会发现，公共汽车要么一辆也不来，要么两三辆同时到站；等着急用的东西总会不翼而飞，无迹可寻；关键的零部件如果掉到地上，总是会滚到最重的柜子下面。这样的事例不胜枚举。不仅物品如此，人和动物也会如此。例如，本来可以做得很好，但是当有人旁观时，就一切都不对劲了；当你双手拿满东西时，鼻子总是会发痒，痒得难以自制。这样的事情大家都经历过吧？

对此有合理的解释吗？这就是本书接下来要讲述的。事实上，仔细研究墨菲定律，可以让我们更深入地了解自己以及日益复杂的生活。

墨菲定律存在于现代世界

墨菲定律是纷繁复杂的现代世界的产物。如果你想找到一个没有墨菲定律的纯真年代，就需要穿越到公元前五千年左右的石器时代晚期。要想知道当时的世界是什么样子，你可以看看窗外，想象一下房子、花园、汽车和道路全不见了，只剩下赤裸的基岩，再把几乎所有的人都拿掉，然后种上许多许多树，放进去几只山羊，这样你就穿越到了旧石器时代。我们祖先所拥有的一切都来自这些树木、石头和山羊。用这些原材料做不出多少东西来，当然也就不会出什么差错。因此，我们的远祖很少遇到墨菲定律。从这些远祖开始向前追溯，甚至到鸿蒙时代，这个世界都一直如此。经过数百万年的一路进化，猴子、猿和人类终于在这片原始、稳定而舒适的土地上过起了快乐的生活。

再看看今天这个嘈杂纷繁的世界。在短短几百年的时间里，现代人类已经在史前山丘下发现了92种有趣的元素，它们可以构成9292种地球上本来不存在的分子，用这些分子可以制造出9292×9292种美妙的小玩意儿，而这可能会带来9292×9292×9292种令人抓狂的问题。为了存放这些小玩意儿，现代人在旧石器时代的狩猎场上建起了住宅区、仓库和休闲中心。在公元前两千年，一个普通的十口之家可以带着他们所有的工具和玩具，生活在一个还没有现代厨房大的空间里。而现在，西方人经常要买第二套房子，仅仅是为了收纳一大堆他们声称自己离不开的小玩意儿。同样，四千年前简单的部落制度也被今天大城市中各种复杂的社会结构取代，这种社会结构是人口大量增长的结果。现在，一个中等规模的现代化城市就可以容纳石器时代世界上的全部人口。

自石器时代以来，人类已经取得了巨大的发展，但我们的思维并没有随之一起发展，而是仍然停留在旧石器时代。当旧石器时代的思维与现代世界相遇，墨菲定律就应运而生。旧石器时代的大脑怎么能应对这个塑料时代呢？其结果必然是十分狼狈。如果你见过成年人手忙脚乱却无法打开一个儿童安全瓶盖，就会明白，人类每向前迈进一步，就会遇到墨菲定律带来的又一个尴尬。

本书旨在回答两个问题：为什么无生命的物体会这样那样地与我们作对？为什么这会让我们大为光火？

本书用相当大的篇幅探讨了无生命物体。根据我的个人经验，一天中有太多的时间在对着无生命物体大喊大叫。当你用洗衣机洗好衣物，发现衣服都跑到了被套里面时，肯定会很恼火，但是如果你知道这背后其实有科学的解释，就会变得心平气和了。事实上，像这种事情能够加深我们对这个世界的认识。例如，街道上的垃圾为什么会集中在某一个地方？马尾藻海[1]为什么像一片草原？城里人为什么会搬到乡下？这样的现象很常见，也很令人不解。在本书第八章，我将对诸如此类的80个现象给出科学合理的解释。然而这又引出了另一个问题：既然有科学

1 马尾藻海，北大西洋的一处椭圆形海域，因布满以马尾藻为主的褐色藻类而得名，海面平静，海水透明度大。

的解释，我们为什么仍然会困惑不解呢？

问题就出在我们自己身上。墨菲定律是否起作用常常取决于观察者，外部世界是完全无辜的，而我们的大脑却认为它在密谋和我们作对。因此，本书开始部分讲的是我们的大脑如何把事情全部搞错。

拼图游戏

认识世界的过程就像完成一幅拼图：要先观察图块，然后把它们和盒子上的导图相对照，接下来试着将图块拼到一起。对于我们的思维拼图来说，“图块”就是感官传递给大脑的信息，“导图”就是大脑用来分析这些信息的期待和记忆，整个大脑的任务就是把思维图块组合到一起，而组合图块的三个阶段都摆脱不了墨菲定律的不良影响。

本书第一章讲的是感官如何获得拼图图块。就拼图游戏而言，这个感官拼图的难度非常大。首先，图片每秒钟变化十次（大脑按照这个频率更新对外部世界的认识）。另外，拼图的图块多达 100 万个，即每 0.1 秒就有 100 万条神经脉冲涌向大脑。一波又一波的图块喷涌而来，它们需要被弄明白，而我们所能做的顶多就是在图块飞速涌过来时抓住其中一些，然后试着利用这些猜出其余部分。

在第一章，我们将会看到错误是多么难以避免。我将探讨一些用来过滤所输入信息的技巧，比如习惯化和注意机制。

本书第一、二章里有一些关于错觉的案例，这些都是被故意设计出来的。在实验室里（或者是在本书中），我们可以对这种因故意设计导致的错觉一笑置之，因为一切都在意料之中，但是在大街上，出乎意料的某个时刻，类似的错觉可能会将我们击倒。有时是真正意义上的“击倒”。例如，和数百万同病相怜的人一样，我也曾撞上一扇本不应该出现在那里的玻璃门。墨菲定律之所以会发生，就是因为我们对眼皮底下的事物视而不见。

既然知道了拥有哪些图块，并对其做出了衡量（第二章），此时大脑就要弄清楚每一个图块的意义。第三章阐释了“导图”（记忆）的作用。在我们的思维拼图中，日常生活里的景象和气味提供了一些点和块，让我们去记忆库中搜索。那个点是一只眼睛吗？那块蓝色的是天空吗？记忆会告诉我们应该有什么样的期待。然而在墨菲定律的影响之下，我们会忽略事实，只相信期待。深夜里，我们觉得卧室角落的阴影看起来像一个人的轮廓，那是窃贼吗？根据墨菲定律，你越是需要睡眠，角落里的那个阴影就越是像窃贼的样子，很可能还拿着一把刀。有时记忆会完全失灵。比如，我们到某间房里去找东西，却像个白痴一样团团转，因为忘了来此的目的。这种事甚至会发生在十来岁的孩子身上，对于那些认为这是衰老迹象的年长读者来说，或许是一种慰藉。

下一步是建立联系。在第四章中，思维拼图的图块被组合到一起。在这一环节，墨菲定律将人击倒的概率呈对数增长，因为人们很不擅长组合图块。此时我们会清楚地意识到思维拼图和木制拼图之间的巨大差异：木制拼图只有一种正确的组合方式，而思维拼图却有无限可能，因为每个图块都能任意改变形状。因此，如果两个事实似乎无法匹配，它们就很容易被扭曲和改造，直到能够组合到一起为止，而强制把不合适的图块组合到一起会给我们带来很多问题。例如，如果你是传递坏消息的人，那可要当心了，因为暴君有枪杀信使的倾向，这并非空穴来风。他们把信使和坏消息联系到了一起，让前者对后者负责，结果是信使被枪杀。

到了这一步，我们或许会长出一口气，以为总算把拼图完成了，但事情尚未结束。思维拼图及其周围的一切都充斥着一种浓稠的、沸腾的、令人激动的东西，那就是情绪。第五章探讨了情绪的重要作用。这里的“情绪”并不仅仅是强烈的情绪，如爱、恨和恐惧，而是指所有情绪，从第一个渴望之吻到第九十九个哈欠。任何事物都与情绪有关，无论是一条蟒蛇，还是花园里的一根水管。现代大脑扫描技术的研究表明，当我们第一次看到某样东西时，第一反应就是判断是否应该逃离。

这一过程发生得非常快，我们根本就意识不到。想一想，我们接受了那么多昂贵的教育，在花园里看到一根水管，脑子里想的竟然是要不要仓皇而逃，这似乎很荒诞。乍一看，水管和蛇的确非常相似。如果这细长的东西是一条蟒蛇，我们会在意识到自己为什么逃离之前就逃之夭夭，而且还会感谢让我们采取这一行动的反射。大脑中负责这种反射的区域是杏仁核，它是我们情绪的所在地，像埃及法老一样统治着一切。情绪状态决定着我们看待眼前一切事物的方式，有时它会让我们以一种奇怪的方式来看待事物。俗话说："对于一个手拿锤子的人来说，一切看起来都像钉子。"这对人类和动物都很适用。当马看到水管时，它会拔腿就跑，因为情绪告诉它要这样做，而此时理智还没有来得及告诉它那不是蟒蛇。

第六章探讨的是墨菲定律在社会生活中的表现。墨菲定律的很多事例发生在我们和他人相处的时候，人在群体之中时与独处时会判若两人，这让心理学家感到很绝望，因为不管你在他独处时进行了多少研究，到了他和同伴在一起的时候，你就可以把先前的研究结果统统扔进垃圾桶了。即使是一个文质彬彬的宅男，当他周末和别人一起去看足球比赛或者去玩彩弹游戏时，或许会夸张地大喊大叫，忘乎所以，其疯狂程度恐怕连他的家人也要大跌眼镜。

置身于群体之中的人甚至会相信最不可思议的事，当然，这就是政治的基石。例如在第二次世界大战期间，没人敢说“我的一个朋友是德国人”这样的话，大家都嚷嚷着“杀死那些德国佬”。人类作为一个物种之所以能够成功，或许是因为我们能够暂时把个体性放到一边，以便让党派、军队、部落或团体来战胜敌人。然而在和平时期，群体可能会严重缺乏凝聚力。任何目睹过委员会运作的人都知道，有些形式的群体行为是很奇怪的。因此，本书第六章探讨的是墨菲定律在委员会、团体、党派和家庭生活中的表现。

在第七章我们将会看到，当把世界组合起来的正常过程被颠倒过来时会发生什么。由此产生的悲剧在世界各地以不同的形式频频上演。

在第八章，我们将关注无生命的世界，发现我们赋予了它们多少生命。我希望读者能在这里找到一些生活奥秘的答案，甚至能够发现你不认为是问题的问题和答案。我希望读者去思考许多本书没有给出答案的问题。

在本书面世之后，我一定还会想到一些我忘记提及的重要问题，而这不就是墨菲定律的一个事例吗？

祝你们阅读愉快！

弄懂墨菲定律的前提：人类大脑是怎么回事

这本书勾勒了大脑不同区域的职能，但要注意一点：这种勾勒非常简单，而这意味着它们无疑是不精确的。在阅读本书时你应该注意，任何容易理解的事物往往都是错误的，因此要批判地看待下面的描述。例如，杏仁核并不是处理情绪的唯一区域，但是在整个复杂的过程中，它确实是处于中心地位，所以在本书中它被简单地赋予了这个角色。你不能只根据这些描述来认识自己的大脑。大脑中大约有 1000 亿个神经元，每个神经元都有几十个连接，不需要有一个很强的大脑就能意识到，这些可能的连接方式比宇宙中的亚原子还要多。因此，我们永远不可能真正理解这一切是如何运作的。如果大脑简单到能够被我们理解的程度，那么我们的思维也就会简单到根本无法去理解它。

杏仁核

杏仁核是大脑的情绪中枢。无论理智说什么，杏仁核都会为我们的体验抹上情绪色彩。如果没有杏仁核，这个世界将会是平淡的、灰色的。有了它，这个世界才有了战斗和逃跑，才有了爱和恨。

海马体

海马体主管的是记忆，而记忆来自大脑皮层、各种感觉器官和杏仁核的信息输入。记忆一旦形成，就会储存在大脑皮层周围。如果海马体受损，事故前的记忆会完好无损地保存下来，但事故后发生的事情则不会留下任何痕迹。

下丘脑

下丘脑的主要职能是维持身体内部的动态平衡，或者说是维持身体的现状。它监测血糖、体温、血压和血液氧含量，并接收来自大脑各个区域的信息。它以两种方式发挥作用：一种是通过向大脑的不同区域发送信号来改变行为，例如，如果血液中氧含量过低，下丘脑为了让身体设法去寻找空气，会引发“恐慌症”；另一种是通过脑垂体发送化学信号。

脑垂体

脑垂体有时被称为内分泌系统的总腺体，因为它控制着其他内分泌腺体的功能。

脑垂体只有豌豆大小，位于大脑的底部。它根据下丘脑的指令分泌多种重要的激素，作用是刺激肾上腺、甲状腺、卵巢和睾丸。

丘脑

丘脑体积很大，位于大脑的中央。我们对微小的下丘脑有很多了解，对丘脑却知之甚少。这一事实表明，对于人类心智，我们还有很多尚未发现的地方。

我们知道的是，几乎所有大脑区域都定期与它联系。对于要发送到大脑皮层的信号来说，这里似乎是“最后维护站”，负责对信号进行分类和筛选。

豆状核

豆状核负责一种特殊的记忆，这种记忆和技能的学习有关，涉及四肢、眼睛和记忆的协调，以及对重力的处理等。因此，弹钢琴、玩滑板和踩着滑板弹钢琴都是由豆状核来协调的。

大脑皮层

与大脑深层职能复杂的区域相比，最外层约1厘米厚的“灰质”似乎简单得多。大脑皮层每个区域都有自己清晰的边界，但是对于每个区域内部发生的复杂活动，我们只能粗略地加以描述。

小脑

小脑负责身体的平衡和肌肉的协调。当它发生故障时，我们就会意识到其重要性。这种故障带来的问题包括四肢颤抖、目光游离、注意力不集中、无法控制地眨眼，以及咀嚼和吞咽困难。即使我们想保持静止，也需要小脑的持续控制。

韦尼克区和布洛卡区

这两个区域负责语言，韦尼克区负责语言的理解，而布洛卡区负责协调发音。

视觉皮层

视觉皮层负责处理眼睛输入的信息，一个区域分析颜色，另一个区域分析形状，其他区域分析运动和深度等。更复杂的“意义判断”发生在外围，与记忆和整个躯体有关。

感觉皮层

感觉皮层是各种感觉在大脑的代表区域。感觉在这一区域的投射特点是上下倒置、左右交叉，从负责头部的外边缘开始，到负责脚趾的顶端结束。这里不仅监控着触觉传感器，还监控着四肢的位置和姿势。因此，这个区域通常被称为“躯体感觉皮层”。

运动皮层

运动皮层负责让肌肉服从大脑的指挥。

前运动皮层

前运动皮层负责决定哪些肌肉该做什么，做多少量，做多长时间。前运动皮层根据其前部区域发出的指令来规划行动。

额叶和前额叶

这一区域受到了心理学家的广泛关注，因为它非常重要，却比它后方的区域更加难以捉摸。这里似乎控制着意志力、判断力、道德、良知、调节能力和灵感。

Chapter 1
墨菲定律起因于太相信自己的感知

在木制拼图游戏中，第一步是把盒子里的图块倒在桌子上，然后翻过来，看看要拼成什么图案。

同理，要完成思维拼图，我们也应该先看一看图块。但是这张拼图非常非常大，我们的大脑要处理来自眼睛、鼻子、舌头、耳朵和皮肤上数百万个神经末梢的海量信息。如果这是一张拼图，意味着它由数以百万计的图块组成。此外，由于大脑每 0.1 秒就会更新 1 张图像，所以思维拼图的图像必须在 1 秒内改变 10 次才能与其相匹配。大脑是如何应对的呢？很简单，它忽略了传入的绝大多数信号，仅仅抓住其中的一小部分信号，并通过猜测来填充剩余的空间。

在旧石器时代，在那个由岩石、树木和山羊组成的世界里，我们的祖先能够相当准确地猜测各种信号的含义。而现在就远非如此了，新的颜色、气味和声音淹没了我们的感官，于是墨菲定律偷偷地潜入了大脑。

接下来就从感官的角度来看看我们有多么容易犯错吧。

听觉

没有什么比声音更简单的了，它就是压缩的空气波。不管你所在的房间里有多少种不同的声音，无论是噪音，还是音乐，或者是人说话的声音，进入耳朵的只是压缩的空气波，它会导致耳膜振动，振动传至耳蜗，耳蜗将振动转化为神经脉冲，神经脉冲再传递到听觉皮层。然后，有趣的事情发生了，凭借高超的鉴别技能，听觉皮层将原始信号分离成单独的声音。从鸟鸣声、树叶的沙沙声和流水的潺潺声中，旧石器时代的猎人可以分辨出他们想要听到的细微声音，如一只鹿在灌木丛后面咀嚼树叶的声音。如今，我们被不同的噪音包围。在聚会上，录制的音乐取代了鸟鸣声，沙沙作响的不再是树叶，而是人们的衣服，人们闲谈的声音取代了流水的潺潺声，而我们想要听到的也不再是鹿咀嚼树叶的声音，而是某位客人吃着点心兴致勃勃地讲述个人爱好。

虽然他说话的声音很小，而周围的喧闹声很大，但我们仍能清晰地听到他说话的内容。这种现象被称为“鸡尾酒会效应”，因为最早对此进行研究的科林·切里[1]发现，这种现象在鸡尾酒会上尤其明显。20世纪50年代的这项开创性研究并非要帮助人们了解鸡尾酒会，而是为了帮助空管人员应对耳机里的杂音。切里的研究表明，人们会筛选出自己想听到的声音而忽略其余。这项研究还表明，一旦大脑将声音分离出来，并对其进行评估，几乎所有其他声音都会被抛弃，只留下那位讲述自己爱好的客人的声音。

墨菲定律告诉我们，任何事情都没有看起来那么简单，听觉这件事也是如此。其他声音并没有被马上排除在外，而只是被无意识地监控着。证明如下：

你一提到“性”这个字，整个房间就会变得鸦雀无声。

突然之间，聚会上的每个人都在听你说话。他们怎么能在众声喧哗中听到这个字呢？这实在令人尴尬。墨菲定律的这个事例表明了听觉皮层的非凡能力，大脑看似忽略了周围的嘈杂

1　科林·切里（Colin Cherry，1914—1979），英国科学家，曾在英国飞机制造部从事雷达研究工作，因对听觉注意力的研究而著名。

声，事实上却在将其抛弃之前无意识地进行了关键词检索。任何大脑觉得有趣的声音都能被觉察到，毫无疑问，“性”这个字很有趣。

其他重要的词语或声音也会从嘈杂声中脱颖而出。如果听到和你一样的手机铃声，你会马上警觉起来。如果有人提到你的名字，你的耳朵就会发烫。有人指出，如果真的听到了自己的名字，你也会听到那之前的几个字，这表明大脑会将外界的声音储存几秒钟。

窃窃私语比大喊大叫更容易被听到。

大脑会对周围的噪声进行全面监控。语音的细微变化被认为值得特别注意，即使音量很低。当你旁边的情侣把声音降低到耳语时，你会马上警觉起来，你的耳朵会竭尽全力要听清他们谈话的内容。

偷听旁边的人说话时，你可能听不到他们谈话的全部内容，此时，大脑会把它认为没有听到的信息补上。一般情况下都能猜对，但有时也会搞错。大脑往往会从接收到的声音片段中获得它想要听到的东西。

一天早上，三个醉汉在聊天。第一个醉汉说：“今天好晴天。”第二个说：“不对，今天不是星期三。”第三个说：

“是的，我也喉咙干，来！咱们再喝一杯。”

最近，我在北京和一位中国女士有了一次墨菲定律式的聊天。她的英文发音不太好，但我认为不影响交流。她说，她的工作是为来北京生活的人寻找马匹。我说，自从我来到北京，还没有见过一匹马。她说：“不对呀，北京每一个人都有马的。”“每一个人都有？”我急忙说，“那我怎么一匹马也没有见到呀？”她回应说：“如果没有的话，那人们住在哪里呀？”对话戛然而止，我忽然意识到我们谈论的是“房子”（house），而不是“马”（horse）。这两个词语在英文发音上的细小差别导致了这场奇怪而荒诞的对话。

本体感觉

本体感觉就像灰姑娘一样经常被人忽略，它总是被排除在五大感官（听觉、视觉、嗅觉、味觉和触觉）之外。如果你睡姿不好，醒来会觉得自己的前臂挂在胳膊肘上，麻木而且不听使唤，此时你应该心存感激，因为总的来说，你还知道自己的四肢在哪里，这就是本体感觉。行走、跑步和保持直立的能力都依赖于本体感觉。身体各个部位都要向小脑发送反馈信息，“小脑”的英文是“cerebellum”，源自拉丁语，意思是“小的脑袋”。它看起来确实像一个备用的大脑，位于主要脑区的下面，脑干的后面。

你麻木的手臂很快就会恢复知觉，但在《错把妻子当帽子》（*The Man Who Mistook His Wife for a Hat*）一书中，奥利弗·萨克斯[1]描述了这样一位病人：他一觉醒来，发现床上有一条别人的腿，顿时惊慌失措，把这可怕的东西从床上扔了出去，结果自己也被甩了出去，一下子摔在了地上，因为那实际上是他自己的腿。本体感觉的确非常重要，尽管你平时不会注意到它的存在。这位病人丧失了本体感觉，他的四肢在其他方面都很正常，但是无法发出任何位置信息，因此它们好像不再是身体的一部分了。这个故事里最让我们感兴趣的是，这位病人的大脑不得不去解释发生了什么，于是他发现自己接受了一个不可能的念头，那就是这条腿看起来很像是他的，而且在正确的位置，实际上却是别人的。

你可以通过引起肌肉痉挛来欺骗本体感觉。这里有个小试验：侧身靠着墙壁站立，然后将手臂伸直，并用力向墙壁方向推，这样持续30秒，然后放松。现在，当你低

---

1 奥利弗·萨克斯（Oliver Sacks，1933—2015），著名神经病学专家，在医学和文学领域均享有盛誉。《错把妻子当帽子》是他的著名作品之一。

头看时，会觉得手臂长错了地方，它在你认为它应该在的位置上方晃悠着。

站在悬崖边上是你最需要冷静的时候，
也是你最无法冷静的时候。

当你站在悬崖边缘时，小脑正常的平稳运作被搁置一边，取而代之的是大脑所擅长的另一件事——恐慌。我们有一种内在的恐惧，害怕脚下悬空。这在婴儿刚学会爬行时就表现出来了：如果他正爬向母亲身边，而这时下方出现了一个洞，即使这个洞很显然被厚厚的玻璃覆盖着，可以爬过去，他也不会再向前。

站在悬崖边缘时，你内心的恐惧开始被激发起来，小脑变得无能为力。面对恐惧，最基本的反应就是呆若木鸡，而这一反应与小脑保持身体直立的精细动作相冲突，其结果是，人们往往会坚定地坐下来，拒绝移动。在悬崖边上行走的大量练习可以教会你信任小脑，让它发挥作用。

如果你要学习一项新技能，比如倒立，这时小脑必须开始全新的、与倒立有关的运算。对我来说，做倒立就像去外星球一样，是完全陌生的一件事。但是对于马戏团里以此为生的杂技演员来说，用手行走和用脚行走同样简单。多年以来，他们的小脑已经完成了所有的运算，现在一切都变得很自然。

通过爬树、沿着墙壁行走和在攀爬架上玩耍等活动，孩子们会本能地练习小脑的平衡能力，但是他们的练习机会却由于混凝土丛林的蔓延而受到限制。同样是从树上掉下来，如果跌落在草地上，孩子们可以从中吸取教训，但如果跌落在水泥地上，就会危及生命。在当今社会，监护人们往往不是提供草地，而是把树砍掉，所以如今的孩子们没有什么可以练习的地方了。练习减少意味着信心减弱，也意味着我们的孩子们将变得更加不安全。

视觉

和其他一切感官一样，我们“观察”到的大多是错觉。眼睛的结构可以解释为什么会这样。眼睛后面有 1.3 亿个感光视网膜细胞，但是负责将信息传递到大脑后部视觉皮层的视神经细胞只有 100 万个。因此，在眼睛接收到的信息中，有 129/130 要么被丢弃，要么被高度压缩（就像 JPEG 格式的图像文件一样，但压缩得更厉害）。视觉皮层会运用复杂的“软件”来勾勒图像。通常这个图像能正确反映物体本身，但本书讨论的是墨菲定律，这条定律通常都与错误相关。例如，我们说“啊，看那只可爱的狗，它正在对我笑呢”，话音未落，手就被它给咬了。

仅仅通过观察你就可以发现很多。

——这是美国棒球运动员兼教练尤吉·贝拉的名言之一。他还有一句名言是：“比赛完全结束之前，胜负无法定论。”顺便说一句，他是瑜伽熊这个卡通形象的灵感来源。

下图看似是一个正三角和一个倒三角。

其实，这是三个有“V”形缺口的圆形和三个字母V。你的大脑得到了这些视觉图块，发挥想象力，利用三个缺口创造了一个倒三角，然后在这个倒三角之外，又制造了一个正三角。不仅如此，为了让图像更加清晰，你的大脑还为其加上了颜色：倒三角似乎比正三角颜色要浅一些。

可见，你看到的东西中既有真实存在的，也有你在想象中添加的。

触觉

你身体各处数以百万计的皮肤感受器向大脑发送信息，这些信息不仅与触觉有关，还与疼痛、压力和冷热有关。大多数情况下，你不会注意到这些，但有时也会在意。比如，今天穿的鞋有点儿紧，但你不会每时每刻都感到夹脚。

你刚一躺在草地上晒太阳，就有无数只虫子向你爬来。

把衣服一扔，往草地上一躺，这并不像听起来这么简单。土壤里有可怕的爬虫，它们可能饥肠辘辘，而你可能会成为它们的午餐。你能感觉到它们在你身上爬行，可是低头看时，它们却不见了。你再次闭上眼睛，它们又拖家带口地回来了，要在你身上饱餐一顿。其实这都是幻觉，当你睁开眼睛，它们又消失了。你为什么会想象有生物在身上爬行呢？

触觉传感器也会向大脑发送大量的随机噪声，这是一种细微的嘀嗒声。通常你会无视这些，它们只是被大脑抛弃的数万亿信息中的一部分。但有时你会非常关注。比如，如果你担心甲虫、黄蜂、蚂蚁或饥饿的千足虫会发现你暴露在外面，像草地上的一顿美餐，你就会听到这种细微的嘀嗒声，并从这些声音中听到“可能的猎食者”。

味觉和嗅觉

味觉信息的传输方式与其他感官信息略有不同，它有一条通往大脑的恐惧中枢——杏仁核的热线。恶心是对某些味道直接而强烈的反应。这是应有的，因为如果没有它，我们有可能会把自己毒死。闻到变质的牛奶时，你会猛然把头扭开，就像牛奶给了你的鼻子一记重拳。

“对你有好处”意味着“很难吃”。

食品生产商很清楚我们最想吃什么，并准确无误地将注意力集中于这些东西上，如糖、脂肪和盐。

我们闻到气味会流口水，因为我们用的是一个有百万年历史的大脑，这个大脑的设计初衷是为了适应贫瘠平原上的生活，那里除了树皮几乎没有什么可以吃的。一看到蜜蜂，我们的祖先就会冒着危险开始一场漫长的追踪，一直追到蜂巢，爬上蜂巢所在的树，忍受无数次叮咬，仅仅就为了品尝那美妙而罕见的甜味。

今天这种本能依然存在，指引着我们去追求这种甜味，无论何时，无论何地。在当今世界，甜味24小时唾手可得，给我们的健康带来了可怕的后果。如果耐心等待，今后我们的大脑或许会进化出一种正确的分寸感，一种平衡饮食的本能。但是在等待期间，我们会情不自禁地感到饥饿，我们会再吃一个冰激凌……

第六感

人真的有“第六感”吗？大多数人都曾在某个时候“感觉到”有人站在自己身后，但我们是怎么知道的呢？也许答案就在我们现在所知道的潜意识的处理过程中，这一过程发生在意识之外。

正如耳朵可以在鸡尾酒会上监控周围的嘈杂声，注意是否有人提到你的名字，第六感也在监听着房间里每一个细微的回声，捕捉每一个物体从后方靠近时所引起的任何变化。与常人相比，盲人确实会更努力地去聆听房间里的声音。

正如在下一部分所讲述的那样，我们必须去看，然后才能看到，去听，然后才能听到。周围的很多东西永远无法通过感知之门的入口，但也有相当多的感觉可以悄悄溜进大脑，在角落里徘徊。

听上去有点儿不可思议，对吗？

意识：提醒我们可能有人在旁观的内在声音。

——亨利·门肯[1]，《门肯读本》（*Chrestomathy*），1949 年

心理学家理查德·怀斯曼[2]对超自然现象进行了十分深入的研究，现在他觉得自己已经准备好在既定的时间去装鬼吓人了，因为他发现了使人们感到害怕的因素：双腿周围细微但突然的温度变化，能对人体皮肤上的毛发产生作用的隐形磁铁，低得听不到、但是能够影响身体的超低音频。

所有这些都会对人产生影响，只不过是以一种很细微的方式，让人感到不安，又说不出为什么。剩下的就要靠人们发挥想象力了。

如果你觉得某人身上有你不太喜欢的地方，却不能确切地说明是什么，那么你可能在潜意识中看到了一些意识无法看到的东西，你能从一个人的肢体语言中读出比你意识到的更多的信息。

人们对自己内心的暴露比他们意识到的要多，比

1　亨利·门肯（H.R. Mencken，1880—1956），美国著名社会批评家和语言学家。

2　理查德·怀斯曼（Richard Wiseman，1966—），英国著名心理学家，爱丁堡大学心理学博士。他是心理学家中的怪才，有“英国大众传播心理学第一教授”之称。

如，通过对谈话视频的逐帧分析，可以发现“微反应”，即脸上一闪而过的表情，这些能揭示面具之下仅仅存在于潜意识层面的真实情感。

注意力

对于墨菲定律的许多事例来说，问题不在于感官本身，而在于我们的注意程度。墨菲定律十有八九和注意力有关。

注意力使你能够在鸡尾酒会上倾听面前进行的谈话，而忽略周围的嘈杂声，还使你意识到皮肤上的刺痛，从而发现一只正在袭击你的虫子。如果不忽略进入耳朵、眼睛和皮肤的上百万个信号中的大多数，那么你的感官将不堪重负。因此，能够将注意力集中于一件事情而忽略其他，这的确是一个奇迹。好比大脑向世界打开了一盏探照灯，照亮了一些东西，而让其余的留在黑暗中，这实为幸事。

那么我们应该忽略和注意的分别是什么呢？身处熙熙攘攘的现代社会，墨菲定律在许多情况下都告诉我们，旧石器时代的树木和森林都已经被钢筋水泥淹没，现代人也很难像远古祖先那样从森林中分辨出树木。

盯着一页纸看得越久，看进去的字就越少。

阅读能力由两部分组成，这两个部分是相互剥离的。第一部分是从左到右浏览一行文本，然后准确跳到下一行开头的能力，这种能力是小时候学会的，被安全地存储在大脑的豆状核中，需要时就会施展出来；第二部分是在浏览过程中理解词语意义的能力。完全有这样一种可能：你读完一页书，却突然意识到自己根本就不知所云。浏览的习惯动作掩盖了你并没有用心阅读的事实。

> 贝都因人的一个民间故事揭示了控制注意力有多难。一位苦行僧教一个贝都因人如何用稻草制造黄金，他说："只要把稻草放到沸水中，搅拌三个小时，但是一定要记住，在搅拌的时候千万不要产生幻觉……"

和句子一样，我们对词语也是从整体上来理解的。剑桥大学的一项研究表明，英文单词的字母顺序并不重要，唯一重要的是单词首尾的两个字母。只要这两个字母正确，即使其余字母的顺序一团糟，依然不会影响阅读，这是因为大脑阅读的不是一个个字母，而是整个单词。因此我不禁怀疑，检查拼写错误是一件很难的事情。请看下面这段英文，里面四个以上字母组成的单词除了首尾字母正确之外，中间的字母顺序被完全打乱，但我们依然能够看懂，这说明剑桥大学的结论是对的：

> Aoccdrnig to rscheearch at Cmabrigde Uinervtisy, it deosn't mttaer in waht oredr the ltteers in a wrod are, the olny iprmoatnt tihng is taht the frist and lsat ltteer be at the rghit pclae. The rset can be a tatol mses and you can sitll raed it wouthit porbelm. This is bcuseae the huamn mnid deos not raed ervey lteter by istlef, but the wrod as a wlohe. It mkeas me wndoer wteehhr spttnog slplnig mtskaeis is at all esay.

每个解决方案都为一个更棘手的问题打开了大门。

你正专心地在计算机上安装新软件，这让你免于为很多乱七八糟的事情操心。这项任务本身就至关重要（正如你耐心地向屋子里每个人所解释的那样），不仅如此，它还充当着你和那堆待洗餐具之间的一道屏障。

你知道，洗碗不是问题。问题在于洗碗时你会经过需要放回工具箱的螺丝刀，它旁边就是需要用胶水修复的花瓶，而这意味着你要从五金店买一管胶水，同时或许还要开车去买点儿别的东西，天哪，车子也需要检修了，明天还是缴纳养路费的截止日期，也是上交年度报表的截止日期，你多么希望能够将这些都抛到九霄云外呀！

综合各方面考虑，现在最好是把注意力全部放在眼前的软件安装上，并美其名曰：一次只做一件事。

每次吃自助餐都会有一个多余的盘子干扰你。

自助午餐提供了一个训练注意力机制的绝佳机会，因为你要么施展杂耍绝技，要么把东西洒落在昂贵的地毯上。你一边竭尽全力要给新来的部门主管留下好印象，一边手忙脚乱地应付盘子、叉子、餐巾和酒杯。墨菲定律这位不速之客很可能就在此时出现，因为你正处于超负荷状态的边缘。

心理学家认为，你正在做的事情取决于三个因素：难度、练习和相似性。你的大部分注意力都集中在如何表现得幽默风趣上，因为这很难做到。你原本不用花太多注意力在平衡盘子上，因为昨天下午你已经练习过如何用同一只手平稳地拿着盘子、酒杯和餐巾。然而不幸的是，咬馅饼时汁液流到了下巴上，你却无法取餐巾纸，因为手里正拿着叉子。现在你已经到达了能力的极限，而就在此时，墨菲定律让你口袋里的手机响了起来。你需要额外的注意力来判断是该去接电话，还是应该把笑话讲完，或者是仅仅站在那里任由蘑菇酱汁滴下来。这些状况最终会把你推到崩溃的边缘，总有一边会支撑不住。果然，盘子开始倾斜，一小块馅饼滑到了盘子边缘。当你伸手去抓时，叉子碰到了酒杯，把它打翻。这时，除了沿着西服衣领流下来的馅饼汁液之外，盘子里的其他东西也都滑落在地。好消息是，现在你已经摆脱了束缚，可以更好地为部门主管构思连珠妙语了。

当你手上拿满东西时，鼻子总是会痒。

在任何时候，你都只能把注意力集中在有限的事情上。不过同时，你也在以无意识的方式接收其他信息。当眼前的任务完成之后，大脑就有机会去处理其他事情了。你的鼻子已经痒了几分钟，但直到此时这种感觉才进入意识。

你一定见过类似这样的漫画：一位老教授面带困惑，一手合上书，一手挠头。其实，这就是一个关于注意力转换的场景。当老教授专注于手头的工作时，他就只想着那一件事。等到有所放松，其他事情就会来打扰，比如发痒的头皮。

我们可以举出很多例子来表明，当工作存储器终于空闲下来（就像工作台被清空）时会发生什么，例如：

在你快要入睡的时候，会想起十件重要的事情。

迷迷糊糊快要睡着时，你最不想考虑的事情就是紧急待办事项。但是你很清楚，既然想起来了，如果置之不理，那些重要的事情就会被忘记。于是你强迫自己清醒过来，爬出被窝，找来纸笔，把待办事项记下，再爬回床上。在接下来的一个小时里，你躺在床上，盯着天花板，辗转难眠。

可气的是，第二天早上醒来，你发现自己竟然记住了所有的事项。

在进入梦乡之前，一天中发生的很多事情都会在脑海中浮现。此时它们并非按照时间先后排列，而是同时出现，并且同样重要，不同事件之间还可能建立新的联系。据此，我们可以看到大脑无意识加工信息的全过程。白天，大脑日理万机，其他的事情就在无意识之中被淹没了，而在入睡前的轻松氛围中，这些事情就浮现出来。

墨菲定律的这一表现为心理学家解释梦的本质提供了线索。在你睡着时，白天发生的每件事都会被加工，其中重要的事情会和你既往生活中的某些经历联系起来。也许白天你第一次体验了悬挂式过山车，这是世界上最让人反胃的过山车了。到了睡梦里，这段体验将与其他类似的记忆联系起来，你可能会梦到自己翻转过来，胃掉到了嗓子眼儿，被尖叫、恐惧、未知力量的压力和无助感包围。甚至，你可能还会梦到生孩子，因为这两件事之间有很多相似之处。

纵横字谜的线索，总是在上厕所时蹦出来。

近来我们发现，要找出人类与其他“低级”生命之间的区别越来越难。那些令人扫兴的科学家告诉我们，大象的脑子更大，蟑螂能够适应的气候环境更加多样，植物会计数，狗能听懂人类的语言，乌鸦会制作工具，猴子能理解每个同伴在想什么，白蚁拥有心智。如果你想知道谁真正统治着这个星球，答案是细菌。这样一来，我们人类该到哪里去寻求慰藉呢？和其他动物相比，我们的优越性体现在哪里呢？我来告诉你：其他动物谁也不会玩纵横字谜游戏。这个神奇的游戏是专门为更高级的大脑而设计的，是人类智慧的洋流在意识表面之下翻滚的最佳证明。为了想出字谜游戏的线索，你绞尽脑汁，寝食难安。然后，在最意想不到的时候（比如上厕所时），线索突然蹦了出来。为什么人类是最伟大的物种？原因就在这里。

小结：“以偏概全”地看世界

了解世界不仅仅是收集信息那么简单，因为信息太多了。这项任务的很大一部分是把信息淘汰掉。眼睛擅长此道，它淘汰掉99%的信息，剩下的任务就交给思维了。

注意力机制是防止信息超载的强大工具。它可以让我们专注于环境中某一个特定方面而忽略其他，甚至能让我们在睡觉时把外部世界全部屏蔽。但它同时仍然无意识地监控着环境，让我们在听到特定的声音或闻到特定的气味时醒来。

问题在于决定哪些信息应该关注，哪些应该忽略。通常，我们会建立一个期待清单，并按图索骥，同时把其他事情分流出去。这是一种危险的做法，将为今后带来很多问题。在后文中，你会发现这一点。

Chapter 2
墨菲定律大行其道

你已经看过、闻过、尝过、听过、触摸过这个世界了，但是你对它的了解仍然停留在一团糟的状态。现在你必须要对感官信息进行整理和修改，感受一下，衡量一下。它是大还是小？是深绿还是浅绿？你会惊讶地发现自己可能大错特错。在你的脑海中，时间和空间被严重扭曲，甚至比爱因斯坦想象的还要严重。

快乐总是短暂的。

你是否有过这样的体会，在上无聊的化学课时，总感觉时间慢得像蜗牛爬。可见，对时间的主观衡量有很大的不确定性。

我们体内有好几个时钟。有的时钟与寿命（从出生到死亡的嘀嗒声）相对应，有的时钟用来判断1分秒乃至1微秒有多长，它让我们能够把时速160多千米飞来的网球沿直线打回去。

我们日常使用的生物钟机制是一个神经元回路，从前额皮质开始，先到基底神经节，再到脑黑质，最后回到前额皮层。神经脉冲以大约每秒1米的速度在这个回路中运行。它运行一周需要0.1秒，这是大脑生物钟嘀嗒一声的时间。举个例子，把一个鸡蛋煮到半熟要花3.5分钟，相当于2100声嘀嗒。

这条回路有个有趣的特点，即温度升高时，它运行得更快，这个特点为我们解释了很多与时间判断相关的现象。20世纪30年代，生理学家哈德森·霍格兰德[1]注意到他发高烧的妻子总是会错估时间，比如，他本来只离开了40分钟，她却会说离开了1小时。作为一名科学家，他在生病的妻子身上做了一系列试验，已长时间患病的妻子也同意了。果然，她对时长的估计总是会多出20%。后来，妻子退烧了。霍格兰德强忍住失望，四处寻找更多被试验者，把加热的线圈缠在这些人头上。最终他发现，任何原因的发热都会使被试验者对时间的估计比其他人快20%左右。在肾上腺素的影响下，也会发生同样的事情。这

1　哈德森·霍格兰德（Hudson Hoagland，1899—1982），美国著名生理学家，他首先发现，体温在人感知时间的准确性方面有重大影响。

能否解释另一种常见的现象呢？焦急的人做任何事情时都会担心来不及。

一分钟有多长，取决于你在卫生间门的哪一边。

和等电梯时一样，你盯着卫生间的门，除了诅咒门、诅咒门里面的人，以及诅咒墨菲定律之外，无可奈何。卫生间本来是空着的，可是就在你需要上卫生间之前的15秒，墨菲定律让别人捷足先登。由于你内急很严重，所以你的时钟会比其他人快得多。这实在令人沮丧懊恼。

事实上，当处于高度紧张的状态时，你头脑中的时间会飞快地流逝。当一天终于结束时，你才意识到时间如白驹过隙。

在紧急情况下，神经元时钟会加快很多。经常听到人们说，在发生车祸时，一切似乎都变成了慢动作。事实上，这是因为他们的思维速度加快了。

在极少数情况下，当内部时钟因疾病或事故而被打乱时，时间会以一种奇怪的方式行进。比如，时钟因为神经系统的损伤而变慢时，人们会觉得这个世界以惊人的速度飞驰而过。在《苏醒》（*Awakening*）一书中，奥利弗·萨克斯描述了一群患有昏睡性脑炎的病人，对他们来说，时间已经停止。现在有一种名为左旋多巴的新药，可以将这些病人从他们自己描绘的时间停滞的世界中带回来。

年轻时，日短年长；年老时，年短日长。

——尼基塔 · 伊万诺维奇 · 帕宁[1]

老年人会觉得一年时间一晃而过，新鲜事物似乎以可怕的速度转瞬即逝。这是因为他们的内部时钟已经慢了下来。上了年纪的人确实会反应迟钝。

心急水不开。

——1848年，伊丽莎白 · 盖斯凯尔[2]**的小说**
《玛丽 · 巴顿》（*Mary Barton*）中首次出现了这句话。

在烧水时，时间肯定不会匆匆流逝，而是恰恰相反。等着水烧开，或等着电梯门打开，或等在卫生间外面，或等在长长的队列后面，在这些场景下，时间过得很慢，你似乎要等到地老天荒。此时，你内心的焦急加快了内部时钟的运转，明明只

1 尼基塔 · 伊万诺维奇 · 帕宁（Nikita Ivanovich Panin，1718—1783），俄国政治家，叶卡捷琳娜二世的亲信。

2 伊丽莎白 · 盖斯凯尔（Elizabeth Gaskell，1810—1865），英国著名小说家，《玛丽 · 巴顿》是她的第一部小说，出版后即引起强烈轰动，更得到狄更斯的赏识。

有3分钟，你却觉得已经过了5分钟。

当你回忆这些场景时，情况就不一样了。在回忆中，你当时觉得似乎很短的一天会变得很长，因为那天你经历了许多事情，而等着水烧开的无聊经历几乎不会留下任何印象，因为那根本不值得你记住。

近路是最长的路。

“我知道一条近路。”这句话听起来就让人感到脊背发凉，所有乘客都会默默地在既定时间之外多加两小时。

所有的新路线都会带来问题。你可不想因为转错弯而一路跑到马达加斯加，所以会仔细检查路线并记住途中的每一个地标，而这是件非常耗费脑力的事情。当你回忆起这段旅程时，记忆中会充满各种突发事件，充满了焦虑和对迷路的恐惧。因此，你会觉得这是一次非常漫长的旅程。

第二次走这条近路就容易多了。焦虑会减少，内部时钟也走得更慢，这样你就不会感到那么匆忙了。所有地标会被串成一整块记忆，于是，“教堂，然后是加油站，两个红绿灯，接着是宠物之家，走到下一个路口左转”就变成了一个更小、更简洁的记忆单位，即“大街尽头左转”。

要走过几趟之后，你才会真正感觉到那是一条近路。

很多人喜欢在既定的路线之外找近路，但是在像伦敦这样的大城市，这是一个非常荒谬的想法，因为那里有很多禁止驶入的标志和单行道，都是专门为防止抄近路而设计的。而地图虽然标出了每条道路，却并没有标注是否可以通行。因此，伦敦的街道地图基本上没有什么用，它只能告诉你偏离既定路线有多远。倒是道路标志，会偶尔给你指一下路。

这也可以解释另一个与墨菲定律有关的现象。

去途总比归途长。

当你第一次走某条路时，一切都是崭新的、不一样的，所有东西都进入了你的记忆库，大脑皮层充满了新的印象。返回的道路没有那么多焦虑，也更加容易，所以你会感觉更短。

你往往会在闹钟响起的两分钟前醒来。

这个例子很好地表明了墨菲定律的邪恶。就在闹钟要响的时候，你的眼睛睁开了。你会说："太好了！我已经完全清醒，准备好起床了。但是，我还有两分钟可以睡个回笼觉。"于是，你关掉闹钟，舒舒服服地返回梦乡。接下来你听到了消防队敲门的声音，他们以为你死了，因为此时已经到了下午茶时间。

我们身体里有一个自然的昼夜节律，让我们日出而作，日落而息。它不同于前面提到的神经元时钟，而是一种化学成分决定的时钟，由大脑深处的下丘脑控制。下丘脑使垂体在夜间分泌褪黑激素，褪黑激素会带来困倦和睡眠。问题是下丘脑位于大脑的中间，那里总是漆黑一片。它怎么知道自己的时间是否正确呢？它怎么能辨别外面是白天还是黑夜？它需要一扇通向外部世界的窗户，并且已经千方百计弄到了一扇：它把自己和下方的视神经连接到了一起，这样它就可以定期潜入视网膜，并了解其中一些细胞的活动。

在视网膜细胞中有一对基因，一个叫TIM，另一个叫PER，它们可以产生蛋白分子，分别被称为TIM蛋白和PER蛋白。产生蛋白的过程从前一天中午开始，一直持续到第二天黎明。此时，两种蛋白会出现饱和状态，于是这对基因的活力受到抑制，并停止工作。然后，TIM蛋白和PER蛋白开始分解。直到中午时分，这对基因环顾四周，发现又有了空间，于是开始继续生产蛋白。整个过程大约持续24小时。“circadian”（昼夜节律）一词源于拉丁语，由“circa”（大约）和“dies”（一天）两部分组成。有趣的是，上述反应具有感光性，会根据昼夜变化的节奏来做出调整。下丘脑“窃听”了这一过程，所以可以相应地调节自己的周期。

即使没有外部光线，昼夜节律也能继续自动运行。1972 年，法国探险家米歇尔·西弗尔在地下待了 7 个月，完全不知道外面的昼夜更替。从地下出来时，他的睡眠和苏醒周期依然接近 24 小时。这表明 TIM 基因和 PER 基因对于避免错误的长期积累是必要的。

当我们出国旅行时，一切都被打乱了。人类还没有进化出能够根据地点来调节昼夜节律的能力，于是就有了时差。例如，刚吃完午饭，你就会很快入睡，然后在午夜钟声敲响时从床上爬起来准备吃早餐。只要在睡觉时把窗帘打开，TIM 基因和 PER 基因就能解决这个问题，让我们的昼夜节律恢复正常，但是等到你回国时，还要重新倒一次时差。

只有一块表的人知道确切的时间，有两块表的人却永远不能确定。

旧石器时代的人只有一块表，就是天上那个又大又圆的太阳。他们的一天由太阳来控制，不存在任何欺骗，因为不可能在晚上开启一个假太阳来延长白天的时间。太阳落山了，人们也睡了。

早期人类在计时方面做出的努力并不多，科学家只是试图判断一年有多长。埃及人的猜测是365天。到了恺撒时期，人们将一年的长度增加到了365.25天，公元前46年，罗马儒略历[1]被确定为世界标准。但很遗憾它是错的，一年其实有365.242199天，所以儒略历每年少算了大约11分钟。这不算太糟，但也不够好。官方日历渐渐比实际日期提前，到了一千六百多年以后的16世纪，农民们非常忧心季节混乱，因为官方日历已经比实际日期提前了11天。1582年，教皇格里高利不得不承认这个错误，从日历上拿掉了11天。当然，人们非常愤怒，因为这意味着他们的生命被偷走了11天——他们希望现在马上把这11天要回来（不管这个“现在”意味着什么）。最终他们勉强接受了新的格里高利历，但是英国和美国直到将近两个世纪后才跟上了这一调整。这就是为什么尽管乔治·华盛顿出生于2月11日，但人们却在2月22日庆祝他的生日，因为他在世时，历法被改变了。

即使到了14世纪钟表被发明出来之后，时间仍然是一个相当模糊的概念。例如，没有人愿意在时钟上添加分针，这样做没有意义，也没有这方面的需求。1656年，荷兰物理学家克里斯蒂安·惠更斯发明了摆钟，精确计时一下子成为现实，终于有一个计时设备可以将一天的时间精确到10秒之内。然而大多数人还是根据太阳和猜测来安排自己的生活，比如只要太阳直射地

1 儒略历，由罗马共和国独裁官儒略·恺撒采纳数学家兼天文学家索西琴尼的计算后，执行的一种历法。

面就是中午。各地计时也不统一，教堂的钟只显示当地时间。

到了19世纪，随着火车的出现，英国全国范围内对精确计时的需求也随之产生。人们从利物浦出发到达曼彻斯特时，发现那里的时间比他们出发时还早一个小时，可见，是该让当地教堂的时钟和火车时刻表协调一致了。

谈到时间的测量，足球比赛是一个特例。所有正常的参照标准都不再成立，真实世界后退，出现了一个新的现实。

比赛的最后一分钟持续了一个小时。

你们队一球领先，此时距离比赛结束还有一分钟，对方球员围着你们的球门不停射门，球“砰砰砰”地击打在门框上。

如果那个魔鬼裁判现在吹哨多好，或者就是瞄一眼他的手表也好，但很明显，他已经被对方经理收买了。一分钟怎么会如此漫长?

读过前文内容后，现在你知道了：因为此时你很恐慌，内在钟表跑得飞快，所以会觉得教练的秒表慢得像蜗牛爬。

对方球队的球门更小，对方的守门员块头更大，

细想之下，对方球队在各方面都更强。

我在球队待过很多年，后来又看着自己的孩子在球队踢球，我发现了一个现象：每次比赛，我都觉得对方的球队更加强大。我有限的数学知识说，这是不可能的，不可能每一次都是如此，这一定是由于害怕对手而产生的错觉。

对充满想象力的人来说，整个足球比赛充满了不公平现象。例如，对方的守门员很明显在不停地移动门柱，而裁判竟然视若无睹；上半场他们的运势更好，而下半场则是风向对他们更加有利。

心理学家有时觉得我们对周围世界的认识不像是一张照片，而更像是一幅中世纪的画像。在这幅画像上，重要人物比普通人更高大，好人散发着光芒，穿行于空中，而坏人则生活在地洞里，灼热难熬。在足球场上，对方的球队总显得强大无情，咄咄逼人，而我们勇敢的小伙子却仍然沐浴在母爱之中，软弱无力。如果对方赢了，那感觉就像人类文明就此终结；如果我们赢了，大家会欢呼雀跃，认为这是真理的胜利。

照片上的月亮会变小。

我要提醒你一件令人不快的事：在对着月亮拍照时，夜空中的月亮又大又美，而当你看照片时，上面却只剩下一团黑色，中间有一个白色的小点。为什么月亮在天空中看起来那么大，而在照片上却那么小呢？

这是关于大小恒常性的一个最荒谬的例子。大小恒常性是指你从不同距离衡量物体大小的技能。

在衡量物体大小时，大脑会把你与物体的距离也考虑进来。如果视网膜上的图像很小，你看到的可能是地平线上的巨大物体，也可能是鼻子前的小物体。大小恒常性会放大远处物体在你大脑中的尺寸。通常你不会注意这一点，但是拍摄月亮时就会意识到了。

大小恒常性的现象在生活中随处可见。举个例子，你站在路边，迎面走来两个人，其实他们长得一样高，但是在你眼中，远处那个人明显比近处的那个要矮上很多。

这个例子表明你的大脑会计算距离，并利用透视理论来调整物体的大小，以便与距离相适应。即使图片被抽象的线条替代，依然会发生同样的情况。在下图中，两个长方形的大小是一样的，然而你的大脑会通过计算得出这样的结论：右边那个离你更远，因此肯定也更大。

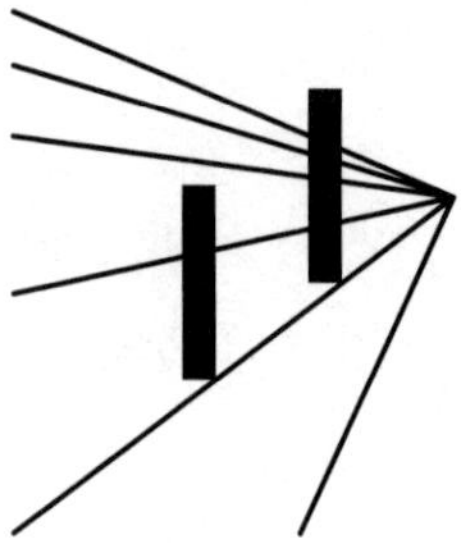

关于月亮的错觉也正是因此造成。当月亮高挂在空中，大脑会自动判定它与你之间的距离大约是200米（在不确定某个物体距你多远时，200米似乎是大脑一个“默认”的距离）。可看照片时，这时的你肯定会意识到它的距离远超出200米，虽然只是一团光晕，但你知道自己目力所见的月亮可要大得多——虽然这时在视觉上它变小了。

每次煮饭总是会煮太多。

你看着锅里的米，脑子里开始盘算：这些米膨胀后会是什么样子？

测量体积是最难的。事实证明，不管我们测量距离和长度的本领有多高超，一旦进入三维空间，就像跃入虚空。不信你就试试：仔细观察某一个人，你能估算出他身高是头围的几倍吗？现在用一张纸或一条毛巾测量一下他的头围，看看你的估算对不对。

或者再试一次：翻出各种各样的杯子，然后把你认为可以盛同样多水的杯子放在一起，接着往这些杯子里倒水，看看你的感觉是否正确。

结果一定会让你大吃一惊。

在你最想悄无声息时，地板吱嘎作响的声音最大。

先不管为什么在别人都睡着的时候，你还在屋子里蹑手蹑脚地走动，必须承认，你一定有过这种经历，而且那个时候，地板在深夜里发出的动静大得吓人。

对这一问题的解释能表明你在多大程度上适应了周围的噪音水平。

白天很吵，但你很少注意到这一点。可到了晚上，很多白天不绝于耳的声音，比如街道上的噪声、狗叫声、直升机的轰隆声，还有空调、中央供暖和计算机的嗡嗡声，都消失了，一切都沉寂了下来。令人惊讶的是，这些声音加在一起那么吵，你却能够完全适应。正午时，地板的吱嘎作响会被淹没在喧闹声中，但到了夜深人静、万籁俱寂的时候，它的动静就会像大炮一样。

音乐对你来说很轻柔，对他人来说却很吵闹。

年轻时每个人都会有这样的经历，你在听音乐，楼下却传来叫喊："能把音量调低一点吗？"那些老年人又在抱怨你的音乐了，这时候你该怎么做呢？

这里涉及两个问题。

第一个问题是，你已经习惯了扬声器的声音。你的大脑认为这个音量是正常的，因此任何更低的声音都会显得"太安静"。这种习惯化导致了我们生活中的许多奇怪现象，不仅是听觉上的，还有嗅觉上的。如果你和别人在同一个房间里停留了很长时间，你们就会习惯彼此散发出的气味，这样你就无法理解，为什么新进来的人会大惊小怪地匆忙打开窗户。20世纪70年代，宇航员在太空中进行了破纪录的长时间飞行。返回地球后，地面工作人员不得不以抽签的形式来决定谁去打开太空舱的门。因为几周以来，宇航员们一直在里面流汗加上放屁，气味可想而知。

第二个问题是，侵犯他们敏感耳朵的可能不是你的音量，而是你对音乐的品位。审美习惯会让你觉得金属打击乐很好听，也会让别人觉得莫扎特的音乐非常美妙。这种审美趣味上的巨大差异会让双方都认为对方的音乐是无聊的、重复的、可预测的，而自己喜欢的音乐才是真正意义上的音乐。美国作家金·哈伯德说过：“古典音乐是我们认为有朝一日会沦为同一种调调的东西。”也许，古典主义者同样会说流行音乐永远无法逃脱“沦为同一种调调”的命运。

那么你该怎么做呢？一个简便方法是把扬声器的低音调低。低频音符会穿过墙壁，而高频音符则会被你房间的墙壁吸收。如果把低音调低，就更有可能把声音限制在你的房间里。

不管淋浴有多热，洗完澡你总是会感到很冷。

洗完一个舒服的、长时间的热水澡后，你会冷得瑟瑟发抖。这个问题很好解决：不要洗热水澡，洗个冷水澡，出来的时候你一定会觉得很暖和。

当热水冲到你身上时，皮肤上的热感受器会告诉下丘脑你太热了。下丘脑会发出一系列指令。其中一个指令就是把你的皮肤变成粉红色，这是血液为了散发热量而加速流向皮肤的副作用。下丘脑还会让你流汗，这很好地利用了物理原理，因为水分的蒸发能带走很多热量。如果在炎炎烈日之下，你浑身大汗，那么太阳的热量是用来蒸发水分的，而不是要炙烤你。

然而人类进化出这一机制是为了适应旧石器时代的环境，即炎热、干燥的阳光，而不是湿热的淋浴。淋浴时，所有的汗水都混入热水中。淋浴之后你会浑身滚烫，在这种情况下，无论多么暖和的房间都会让你觉得寒冷。很快你就开始发抖，因为汗水的蒸发开始发挥作用，让你凉下来。

小结：无处不在的错觉

这个世界太复杂了，你刚和它接触，就已经被弄得头晕眼花。对于旧石器时代的人来说，精确并不是最重要的事情。他们不像我们这样通常用毫米来测量物体。他们的计数系统惊人的简单：直到今天，有些部落依然没有两个以上的数量词。旧石器时代的人是不会迟到的，因为这个星球本身就不守时，有时春天来得格外早，接着几个月又会有一阵倒春寒把春天带走，然后直接进入春末的暖和天气。

如今，我们必须发明新词来描述这个神经质一般超级精确的世界，“阿托秒”就是这样的一个最新发明，相当于10^{-18}秒，换句话说，一秒相当于10^{18}阿托秒。只有最吹毛求疵的厨师才会用它来计算煮鸡蛋的时间。如果以1阿托秒为1秒，那么1秒将相当于300亿年，是宇宙年龄的两倍。但是如果想计算一个电子从原子核周围的一个轨道到另一个轨道需要多长时间，你就要使用阿托秒。

下面是一些视错觉的例子。把它们印在书上是很容易的，但其实错觉的广阔世界突破了纸面，无所不包：时间、声音、距离、尺寸、体积、温度和高度，而这些都很容易让人犯错。

横线和竖线一样长。

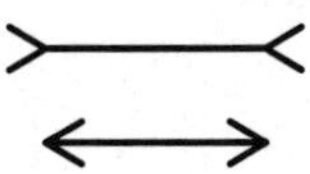

两条横线一样长。

两根水平线条是同样的尺寸。

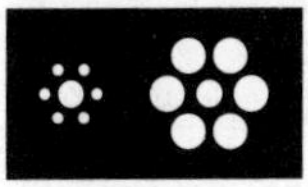

每一幅图案中间的圆圈都一样大。

两个正方形是一模一样的。

白色的正方形和黑色的正方形一样大。

Chapter 3
被墨菲定律操纵的记忆

我们是怎么玩拼图游戏的呢？在看一块木制拼图的图块时，我们会试图猜测上面的图案表示什么。一抹蓝色可能是天空，一抹绿色可能是草地，圆圈里有一个点可能是眼睛。我们会一边看盒子上的导图，一边核对自己的猜测是否正确。如果导图上是有人物的乡村场景，那么我们对天空、草地和眼睛的猜测就是正确的。如果导图上是一间计算机房，那你就要重新思考一下了，那个带点的圆圈可能是计算机开关，而不是眼睛。

在我们的思维拼图中，“导图”就是记忆。但是我们有很多记忆，这就意味着有很多导图。有圆点的圆圈有可能是枪口，有可能是衬衫的纽扣，也有可能是结婚戒指或地图上的标志……究竟哪一个是正确的呢？这取决于我们的期待。此时我们进入了一个有点儿模糊的世界。在某种程度上，我们看到的都是我们想看到的东西。这就给墨菲定律留下了很大的发挥空间。

稍微做个试验就可以表明这一点。看看这幅图画的是什么呢？一些线条，仅此而已。

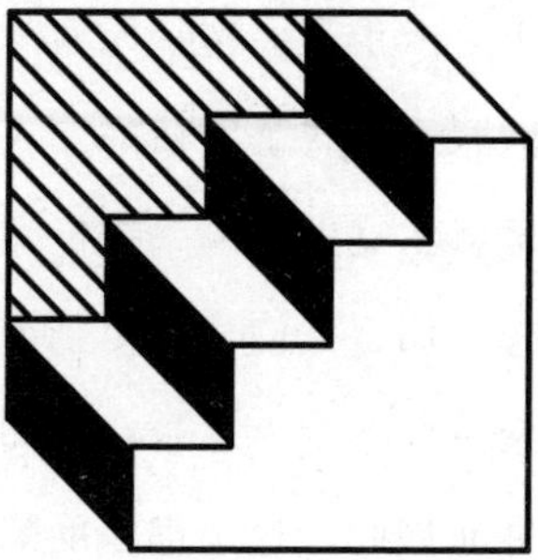

这里有多少级台阶？

然而我们看到的是一段楼梯，因为当我们深入到记忆中去寻找时，这张图让我们想到了楼梯。这里有一个视觉幻象：如果把书倒过来，图上的条纹壁纸就会从楼梯的一侧移到另一侧，有一级台阶就不见了。之所以会出现这一神奇现象，是因为记忆库里只有从上面往下看楼梯的记忆，而没有从下面往上看楼梯的任何印象，我们从来没有见过这样的东西。所以我们会说“这是一些台阶……这是一些不太一样的台阶”，而不是说“这是一些台阶……是倒过来的台阶”。这个例子清楚地表明，我们能看到什么取决于期待，而这种期待又取决于记忆。

记忆的关键在于神经突触，这里是神经元相连接的地方。“连接”这个词或许不太恰当，因为这些神经元并没有连接到一起。在一个神经元的末端和另一个神经元的末端之间有一个很小的间隙，这就是突触。当信号到达一个神经元的末端时，它会让特殊的神经传递分子跳过突触，然后由下一个神经元将信号继续传递下去。由于这些神经元实际上并没有连接在一起，所以它们之间的联系方式是灵活的。人类的体验具有丰富性和复杂性，其关键就在这里。如果神经元像插头里的电线一样绞合或焊接在一起，那么人们从出生到死亡就不可能发生任何变化，一辈子都会一成不变。尽管在你印象中某些人或许就是这样的，但事实并非如此。这个细小的间隙意味着下一个神经元可以改变位置，可以靠近或者远离再下一个神经元，甚至可以不与其他任何神经元建立联系。同样，后面的每个神经元都表现得反复无常，可以选择激发传入的一个信息，也可以在多个信息被传入后才激发。

但有一个特征似乎是所有神经元共有的：一旦它们在某个特定的突触被激发，那么下一次在同一个突触的激发就会更加容易。换句话说，神经元对上次激发是有记忆的，而这将使它再次被激发。这被称为“长期增强效应”，记忆的真正含义就在于此。当两件事同时发生，大脑往往会把它们联系在一起，就像研究人员所说的那样，“同时被激发的神经元会串联在一起”。

当婴儿第一次吃冰激凌时，他们会把手中奇怪的形状和舌头上奇怪的味道联系到一起。所涉及的神经元被长期增强并储存为记忆，下次当他们看到同样奇怪的形状时，它与奇怪的味道之间的联系就会立即被激发，他们会再次记起那种味道。这种记忆一开始是模糊的，但会随着每一个冰激凌的出现而被不断强化。吃过几次之后，这种记忆就会永远保存下来。

在黑暗中，楼梯总比你想象的多一阶。

记忆储存在大脑的各个区域。如何做事（比如如何下楼）的记忆被储存在豆状核中，对事件的记忆（比如你过去走过的有趣的楼梯）被储存在海马体中，对事实的记忆（比如楼梯是什么样子）被储存在大脑皮层周围，一些“情绪”记忆（比如遇到了不该在那里的最后一级台阶）被储存在杏仁核中。

如果“事实”记忆中有一张清单，记录着你曾经走过的所有楼梯上有多少个台阶，事情也许会方便很多。但这是不可能的，你不可能记下每件事的所有细节。如果能把大脑的体积扩大到原来的4倍，再往脑壳里塞进5千克的脑灰质，也就没有什么能让我们感到惊讶的了，当然，额外的一级台阶也不例外。如果大脑无法扩容，那么我们根本就不可能做到无所不知。我们会相信自己无所不知，但那是另外一回事。在大脑扩容之前，额外的那一级台阶肯定会让我们感到吃惊。

从一个房间到另一个房间，大脑变得一片空白。

你正在客厅的桌子上完成一件复杂、黏糊糊、脏兮兮的手工作品，这时需要到另外一个房间去拿件小东西。你到了那个房间，却突然停了下来，站在那里，怅然若失地问自己："我来干什么来着？"

为什么会发生这种情况呢？

当你在工作台上忙碌时，你的大脑里充满了各种感觉：胶水的味道、纸片的沙沙声、材料的触感、台灯的光线，以及你使用剪刀和胶带所取得的一些小成功和小失败。所有这些不同感觉都来自大脑里的不同区域（视觉来自视觉皮层，声音来自听觉皮层，等等），但它们都通过神经连接在一起，就像一张松散的神经挂毯，环绕在大脑皮层周围。

当你到了新房间，所有颜色、气味和声音都是全新的，没有任何东西能提醒你自己正在做什么，没有什么东西与旧的记忆链相联系。因此，你的大脑会一片空白。

针对这种情况，在出发时大声说出你想要的东西会有所帮助。众所周知，如果大声说出一个电话号码，你会更容易记住它。原因很容易理解：对刚刚听到的数字，你的记忆往往很弱

（就像只用“挂毯”上的一两股线，将听觉皮层与附近被称为韦尼克区的语言识别区域联系起来）；而大声说出这个数字会涉及大脑更多的区域，包括决策区、语言区和运动皮层，听到自己重复这个数字时，还会涉及听觉皮层，因此这张“挂毯”会变得更大，记忆也会更长久。

关上家门，你才意识到把钥匙落在里面了。

这种现象颇有一些禅意：当通往房子的门关上时，感知之门就会打开。

我认为这与从一个房间到另一个房间时脑子会一片空白的例子密切相关。当你在室内时，视觉和嗅觉的神经“挂毯”都与室内有关；而一旦到了室外，你就进入了一张“人在旅途”的“挂毯”，被激发的是不同的记忆和联想（比如需要房门的钥匙）。

有的人会在出门之前思考片刻，让大脑放松一下，扩大搜索范围，想象身体已经在路上了。这样就能及时拿上需要的东西，避免出现不必要的麻烦。比如，出门后10分钟，你突然想起把手机放在了雨伞旁边，雨伞就在房门钥匙的旁边，而所有这些都被锁在室内了，于是你不得不打电话给消防队。

一次转错弯，就会一直转错弯。

有件事让人觉得非常讨厌：一旦你在某个交叉路口转错了弯，以后每次开车路过那里时，你都会想起那个错误，然后特别小心，但于事无补，你还是转错弯了。

发生这种情况的原因是我们的记忆有一种怪癖。接近转弯处时，你开始努力回忆上次发生了什么。你对左转弯没有任何记忆，对右转弯却似曾相识，因为想起了右转弯之后发生的一些“趣事”。于是，在怀疑和肯定之间权衡再三，你又一次选择了向右转。

这个路口激活了对右转之后一些“有趣”事件的记忆，这种把两个记忆联系起来的行为被称作“条件反射”。一百多年前，俄罗斯的伊凡·巴甫洛夫在狗身上做了一系列著名的实验。每次喂食，他都会摇响铃铛。最后，狗把这两件事联系了起来，只要铃铛一响，它们就会不由自主地分泌唾液。许多心理学家认为条件反射是大脑的基本功能。

条件反射会发生在很奇怪的场合。例如，一些朋友告诉我，当他们听到烟雾警报器响起时，就会感到饥饿。这是一种很奇怪的反应，但背后是有原因的：在他们小时候，烟雾警报器的声音意味着他们的父亲快要做好晚饭了，从此，这种奇怪的条件反射就一直伴随着他们。

要想解决转错弯这个问题，你需要接受一点儿厌恶疗法。

如果在向右转的那一刻，你受到了电击，那么下次你肯定会记住不要重复以前的错误。以后当你再次经过那个交叉路口时，记忆会把“右转弯”和“疼痛”联系起来，而这正是一种条件反射。

你可能会争辩说你确实受过令人不快的打击，比如孩子们说“爸爸，你真笨，我们又走错路了”。但是这种打击为时已晚，那时你们已走上了一条乡间小路。打击要想生效，必须发生在看到交叉路口的瞬间，否则这种联系就无法建立起来。

一旦听到一个新词语，你就会反复听到它。

这是长期增强效应在起作用，反复听到一个词会强化你对它的记忆。通过前文，我们知道在嘈杂的环境中，人能够记住的词语很少。当我们注意到一个新词（比如“增强效应”）时，它就会利用长期增强效应，在大脑的语言识别区域编织一块新的“小挂毯”。当这个词再次出现时，你对它的记忆就会被重新激活，它会在一团嘈杂声中脱颖而出，进入你的意识。于是，你会感叹说：“天哪！最近我总是听到这个词。”

这又被称为“蓝色大众效应”。有个人想买一辆在停车场很容易就能认出来的车，他觉得一辆蓝色的大众汽车就是这样的车子，不是没人开蓝色的大众吗？他刚把新车开到路上，就发现到处都是蓝色的大众汽车。

在脑海中挥之不去的曲子，是你不应该装进去的曲子。

听了这么多年的流行音乐，它们实际上只有72个音符组成，你或许会认为所有的曲子都已经被写完了。但似乎没有什么能抵挡那些恼人的口水音乐继续前进，它们源源不断地从录音棚里涌出来。幸好，能够真正面世的只有少数，它们之所以脱颖而出，都是因为能够让人过耳不忘，而这一判断是利用“口哨测试”来做出的。测试人会先给看门人播放某支曲子，然后询问看法，但这仅仅是形式，真正重要的是后来发生的事情：这位头发灰白的老看门人走出大楼后，会有人对他进行秘密监视，如果他吹起口哨，正是刚才听到的曲调，那就证明这支曲子肯定已经扎根在他的脑海里。一首歌能否流行，这是第一次重要测试。

在寻找一个东西时，你会一次次地回到同一个地方。

所有人都会在某个时刻这样想：“希望没人看到我，我觉得自己就像个大傻瓜。”我们已经在丢书的地方找了十遍，明明知道它不在那里，还是要回去再找一遍，结果仍然没有找到。为了加倍肯定，我们又去检查了一遍。明明知道它不在那里，为什么还要去同一个地方反复寻找呢？回答是：当你找到第二十遍的时候，它果然就在那里！

几百年来，隐形物体之谜一直困扰着人们。最近，量子科学家们怀疑丢失的物体是不是进入了一个平行宇宙，直到我们买了其替代品之后才会现身。两千多年前，阿基米德根据他那个时代的科学给出了一个答案。他的理论是，视觉是一个主动而非被动的过程，仅仅有光线进入眼睛并不会形成视觉，眼睛需要像探照灯一样发出光束来展开搜索，如果搜索的角度不对，就找不到目标。

其实，事情是这样的。

在找书的时候，我们并没有仔细观察，而是抄了捷径：在大脑皮层的记忆中搜索所寻之物的图像。我们的眼睛会按图索骥，迅速扫视整个房间，寻找与之匹配的东西。

这一招很聪明。然而如果我们很匆忙，那麻烦就来了。为了能够快点儿找到，我们只会专注于某一个特征（如这本书与众不同的红色封面），而忽视了其余的特征。这是有问题的，因为如果书是面朝下放置的，封面被掩盖了起来，就永远不会被匹配。

解决这个问题的方法很简单：先去泡一杯奶茶吧。当我们的注意力被茶叶包和牛奶分散时，思维就会扩大搜索范围。此时继续寻找，搜寻的不再是红色的封面，而是任何一种与书本有关的特征。

于是，那个匹配之物很快就能被找到，而我们会站在那里疑惑不已：为什么一开始没有看到呢？

面条效应：当你最终不得不问超市售货员面条在哪里时，发现它其实就在旁边。

令人惊奇的是，这种事情经常发生，要找的东西似乎总是在最尴尬的时候出现。

依据大脑中面条的样子，你找了很久很久。就在你要放弃时，大脑放松了，“面条”的概念扩大，于是它突然出现在你面前，而你也突然成为人们的笑料。

这种现象在许多人身上经常发生，你可能会禁不住认为大家的脑子是否已经退化了。但是大脑的进化不是为了让我们适应买二送一的廉价商品处理区，而是为了让我们能在由树木、岩石和山羊组成的环境中生活。旧石器时代的植物不会像洗发水商家那样热情地吸引我们的关注，岩石也不会像早餐谷物那样，以其多样的设计来博取眼球。

一个又沉、又丑、又无用的东西已经在柜子的黑暗角落里躺了二十年，在把它扔掉的第二天，你就急需用到它。

杂物间的神奇之处就在于，里面所有的东西有朝一日都会派上用场。

现在这些东西都被遗忘了，装胶卷的盒子、装窗帘挂钩的罐子、装保险丝和包装线的袋子，它们都被丢在角落里，在你的脑海中没有形成一丝记忆。只有把它们扔掉的行为，才能形成记忆，但是为时已晚了。

似曾相识的经历是怎样形成的？

你有时（几乎每个人都有过）会觉得自己曾经到过某一个实际上从未去过的地方，似乎在平行宇宙中还有另一个你到过那里，或者你在前世曾经到过那里，或者你有预知未来的能力。这些都是假设，更有可能是你的时间标签有问题。

在你与世界打交道的过程中，最重要的一个因素就是时间。发生在你身上的每一件事（比如阅读这本书）都是作为发生在特定时间里的故事被储存进海马体的，讲述它们时，你会说“现在……前不久……在那之前……”例如，你记得某些词语是刚刚读过的，另一些词语是之前读过的。海马体给每件事都贴上了一个时间标签。

时间标签非常重要。如果你不知道事件发生的顺序，那生活就像看一部画面随机组合起来的电影，这会彻底破坏你一天的心情。事实上，“一天”的概念都将毫无意义，太阳会在你的记忆中到处闪躲。因此，生命中每一个时刻的经历都会被固定在一张思维时间表上。

与此同时，你会将每一次新经历与大脑中的记忆和期待进行比较。在将某一特定时刻的经历改编成电影的过程中，如果这个经历没有被加上时间标签，大脑皮层就会认为，既然它和现在无法兼容，那么它一定来自记忆，即它一定属于过去的某个时间。至于在过去的哪一个时间，大脑皮层也说不上来。可见，在似曾相识的经历背后有着模糊的历史。

记忆和遗忘

如果能够忘掉所有烦恼，那该是一件多么幸福的事情呀！遗忘和记忆一样重要。叔本华说过：“指望一个人能记住他读过的一切，就像指望他身体里装着他吃过的一切一样，是不现实的。”在某些情况下，即使是剧痛、创伤和无助也会被逐渐遗忘，否则恐怕天下的母亲们谁也不愿意生第二个孩子。

记忆有不同的时间跨度。有些确实很短，如处理当下工作（对我来说，就是键入这段文字）时，我们使用短时记忆来获得信息，然后在几秒钟后遗忘。相应地，一些长时记忆则会伴随一生。练习过的事情会在我们的大脑中形成一张结实的“挂毯”，例如，我们永远不会忘记怎样骑自行车，也不会忘记九九乘法表，它们已经印刻在脑海中了。

我们会忘记快乐，却总能记住痛苦。

——西塞罗[1]，《为穆列纳辩护》（*Pro Murena*）

问题是什么该忘记，什么该记住。

我们能够记住自己所受的一些苦难，这是非常有用的。如果能够记住过去发生的糟糕事情，就有可能避免在未来重蹈覆辙。许多创伤会刻骨铭心，例如，我们都记得听到“9·11”事件发生的消息时，自己身在哪里，正在做什么，这就是人们通常所说的“闪光灯”记忆。这种记忆被储存在一个特殊的位置，即大脑中心小小的杏仁核，它是人类最基本情绪（尤其是恐惧）的所在地。大脑让普通记忆储存在大脑皮层周围，暴露在日常琐事的侵蚀中，随着时间的推移，它们会被慢慢磨灭，

1　马库斯·图留斯·西塞罗（Marcus Tullius Cicero，前106—前43），古罗马著名政治家、雄辩家和律师。他善于雄辩，是罗马政治舞台的显要人物。

但是对于那些威胁生命的事件，记忆必须被保留下来，因此，杏仁核把它们储存在靠近自己的地方，以便随时访问。普通记忆会像皮肤上的墨水印一样褪色，而创伤性记忆则像文身一样永远留在那里。这就是西塞罗上面那句话的含义。

围绕有多少记忆会褪色的问题还存在一些争论。在《错把妻子当帽子》一书中，奥利弗·萨克斯讲述了这样一位老妇人，在药物左旋多巴的影响下，她能回忆起四十年前的歌曲、笑话和记忆，而她本来以为这些记忆已经永远消失了。在我们的大脑中存放着大量旧事，不过其中许多已经被忘得差不多了。如果要恢复这些记忆，就需要用新的线索来激活它们。后面将会谈到这一点。

记忆会褪色，这也是好事情。在《记忆大师的心灵》（*The Mind of a Mnemonist*）一书中，俄罗斯科学家亚历山大·卢里亚讲述了记忆大师所罗门·维尼米诺维奇·舍列舍夫斯基的故事，他记忆力超群，能记住大量的随机词汇，并且可以记好几年，甚至一度靠记忆为生。对于我们这些放下电话拿起笔来就忘记电话号码的人来说，在羡慕嫉妒恨之前应该意识到，所罗门的头脑中会不断涌现出各种物体、词汇、味道和颜色，而这些一直干扰着他的正常生活。如果能够遗忘得快一些，他的生活会过得更好。

记得那张脸，却想不起名字。

名字远不如面孔那么好记。视觉皮层的很大一部分被用于人脸识别。事实上，由于这个人脸识别系统过度活跃，我们甚至能在云层、树皮、火星岩石上看到人脸的样子。

然而名字就没有那么幸运了。语言是一种现代发明，只有不到十万年的历史，大脑还没有为其建立一个大的专门部门。因此，我们常常会发生这样的情况，“记得那张脸，却想不起名字”。

距离产生美。

——托马斯·海恩斯·贝利[1]

我们的记忆并不完美。随着时间的流逝，记忆“挂毯”会逐渐破损，只留下一些丝线。在你后来回忆时，可以利用这些丝线将所有的细节重新缝合起来。几年之后，我们的木制拼图可能会褪色，颜色会被洗掉，需要重新涂色以恢复原貌。但是我们能保证涂上去的颜色是正确的吗？

---

1 托马斯·海恩斯·贝利（Thomas Haynes Bayly，1797—1839），英国著名诗人、词作家和剧作家。

同样，在修复记忆“挂毯”时，是否用对了线？例如，当我们去拜访一位久违的老朋友时，心中会充满爱意，而这就会影响使用的线。

因此，我们所拜访的是温暖而幸福的回忆，几天后，才会想起自己过去是如何深受其鼾声之苦的。

脆弱的感情会因为分别而消亡，真挚的感情会因为分别而强化，正如风会吹灭蜡烛，却能让篝火燃烧得更旺。

——弗朗索瓦·德·拉罗什富科[1]

修复记忆“挂毯”时，对于所爱之人，我们只会用爱的丝线；而对于不太喜欢的人，我们只会用厌恶的丝线。于是，“挂毯”上的图像被扭曲，成为一幅讽刺画。

后文我们将看到，大脑会错误地提取一些记忆，或者编造一些从未存在过的记忆。在有些情况下，离别会让恨意更浓。

但总体来说，阿尔伯特·史怀哲[2]说的没错：“幸福无非就是拥有一个好身体和一个坏记性。”

1　弗朗索瓦·德·拉罗什富科（François，Duc de La Rochefoucauld，1613—1680），法国作家，著有《回忆录》《道德箴言录》两部作品。

2　阿尔伯特·史怀哲（Albert Schweitzer，1875—1965），德国著名哲学家、医学家、人道主义者，曾在非洲加蓬开设丛林诊所，从事医疗援助工作五十年，直至去世。

无伤大雅的谎言

由于我们的10亿个神经元都很活跃，它们之间的联系也很灵活，因此记忆很容易被扭曲。没有人比广告商更了解这一点。通过熟练的技巧，他们可以在不知不觉中扭曲现实，让你一次又一次地掉入他们设下的陷阱。

富兰克林·皮尔斯·亚当斯[1]在1944年断言："有太多的人根据其经验认为，他们可以一直欺骗所有人。"下面这部分内容证实了他的观点。

每样商品都比合理价格少1便士。

我曾经去过一家葡萄酒专营店，还没移动半步，就看到了1000多个"9"：每瓶酒都有一个价格标签，上面是2.99英镑、3.99英镑、4.99英镑、5.99英镑或6.99英镑。你知道，3英镑就是3英镑，但是2.99英镑就是2英镑多一点儿，记忆告诉我们，这和2英镑是一样的，我们不会认为它接近3英镑。真奇怪！我们知道他们在玩什么把戏，但他们还在继续玩，而我们却继

1　富兰克林·皮尔斯·亚当斯（Franklin Pierce Adams，1881—1960），美国专栏作家。

续心甘情愿地上钩。

一位商业辩护者曾经这样解释上述现象："这是一种针对不诚信行为的预防机制。如果价格是5英镑，销售人员很容易就能在别人不知情的情况下把钱装进自己的口袋。但是由于要找1便士的零头，他们不得不使用收银机。"解释得不错，辩护者先生！

按钮和闪光灯越多，功能就越少。

在这里，我们发现了心理学家所说的"超常刺激"现象。

买电子产品时，一看到闪烁的灯光和光滑的线条，对科幻电影中太空飞船的记忆就会被激活，飞船上装载着高智力、高性能、多功能、价值上万亿美元的量子计算机。

这时，我们大脑的一小部分本应盘算一下，厂家把太多成本花在这些表面文章上，就不可能剩下多少钱来让内部功能正常运作。然而这种想法很快就被闪烁的灯光激发出来的诱人记忆给淹没了。

尼克·廷伯根对超常刺激进行了研究。他是一位动物心理学家，将毕生精力投入于对海鸥的研究。他发现，如果把一个假蛋放进海鸥的窝，它就会被当作家庭的一员。如果这只蛋很大，海鸥妈妈也不会认为这不是自己的孩子，而是仍对其细心呵护，因为这是一只巨蛋。

我发现孩子们看肥皂剧时也会发生同样的现象。与现实生活中的人相比，剧中人物更能干、更漂亮、更聪明，穿着更入时。当孩子们把目光从最喜欢的肥皂剧转向现实世界时，他们会发现，相比之下，家人邋遢得令人难以置信。但他们不知道，这部肥皂剧灯光很差，没有合适的音乐伴奏，演员们在拍摄间隙没有修饰头发和妆容。

包装也会产生超常刺激。如果包装盒很大，大脑就会认为里面的物品也很大。一个大盒子意味着里面装着一件大物品。

超常刺激是进化偏离轨道的一个例子。再以孔雀为例。对于孔雀长长的尾巴，人们给出了各种解释：从基本生存的角度来看，这是一个灾难性的包袱，因为孔雀必须拖着它走来走去；但是如果没有这么一个闪闪发光的装饰品，这可怜的家伙就无法找到伴侣。

当然，制造商会充分利用超常刺激的效应。正如加拿大作家斯蒂芬·里科克所指出的那样，广告是“一种长时间蒙蔽人类智慧并从中牟利的科学”。走进书店，“你不能通过一本书的封面来判断其质量”这种微弱的声音，常常被“第一印象很重要，买了吧”这样的尖叫声淹没。

广告的第一法则是避免具体承诺……要模糊而令人愉快。

——约翰 · 克罗斯比[1]

模糊的承诺能产生误导，因为它激发了我们记忆中先入为主的认识。当你买一个“三季”帐篷时，你根本就没有意识到他们所指的“三季”是孟夏、仲夏和季夏。一个17英寸的电视屏幕只有在按照对角线测量时才有17英寸。

很多产品都会宣称拥有“经过全新改良的原始配方”，融古今之优点。我们常听到“天然成分”这个说法，其实只不过是80%的天然蔗糖、天然脂肪和天然盐。“有机”听起来不错，但对一些制造商来说，“有机”的意思就是某种东西是被“种植出来的”。“鲜美多汁”会勾起你美好的回忆，而它的实际意思不过是“富含脂肪”而已。

折扣越大，花钱越多。

你在商店里省钱省了一整天，回家的时候还是身无分文。为什么会这样呢？实在是令人好奇。到处都是“大减价”“大清仓”“0元购”，每条振奋人心的标语都会勾起一段合适的回

1　约翰 · 克罗斯比（John C. Crosby，1859—1943），美国内战期间的日记作家。

忆，仿佛在告诉你商品是免费的。反正，我是从未见过这样的标语：“购买这张限量款沙发床，最多可以节省100%！不过你千万别买！”在广告和大脑模糊记忆的联合作用下，别人推销什么，我们就买什么。

广告文案的确发挥了作用。有人做过一个简单的试验，证明了文案的巨大作用。试验者让一些女性在不同的长筒袜中做判断，选出最好的一双。其实这些袜子都是一样的，但接受试验的女性被告知它们是不同的。结果，几乎每个人都能选出一双来，并给出不同的理由，如颜色、材质和质量。虽然这些都是虚构出来的，但在她们看来很真实。

每分钟都有一个傻瓜出生。

——菲尼亚斯·巴纳姆[1]

在 19 世纪中期，凭借各种夸张的表演，巴纳姆在世界各地巡回演出。巴纳姆面临的问题就是我们今天所说的“客流量”，人们非常喜欢他的演出，盘桓不肯离开，致使外面的观众无法进来。于是，巴纳姆在帐篷的一端挂了块牌子，上面写着“egress（出口）”。这个词和 “egret（白鹭）”很相似，因此在观众

1 菲尼亚斯·巴纳姆（Phineas T. Barnum，1810—1891），美国最著名的马戏团老板。

的脑海里激起了一种模糊的记忆：那不是一种珍奇的鸟吗？

于是，他们迫不及待地挤过门去，结果却发现自己已经在外面了。

小结：迎面而来的火车

你正沿着隧道快速奔跑，隧道里一团漆黑，你只看到前方有一点亮光。那是隧道尽头的亮光吗？在动漫《BB鸟与歪心狼》中，当歪心狼追着BB鸟穿过隧道时，它脑海中浮现的就是这个问题。记忆告诉歪心狼，每条隧道的尽头都有亮光，所以现在之所以能看到亮光，是因为走到了隧道尽头。任何人都会这么想。但过去的另一段记忆也告诉它，事情并没有那么简单，那可能（当然只是可能）是一辆迎面而来的火车的车头灯……果然，歪心狼被火车碾压过去。

我们是不是也经常碰到这种情况呢？我们依靠记忆来告诉自己看到的是什么，但记忆可能会出错，然后我们就撞上了迎面开来的火车。

Chapter 4
天真科学家

到目前为止，我们已经收齐并分析了所有图块，还深入到记忆库中搜寻相关的记忆。现在，我们要把这些组合在一起，形成一幅图画。

本章会告诉你，在墨菲定律的世界里，人们经常建立错误的联系：拿起错误的图块，而后无法恰如其分地将其放进拼图中。但这时，我们不是去找正确的那一块，而是顽固地把手里的图块硬塞进拼图里，拼命地挤压它或者是它周围的其他图块，直到塞进去为止。

这听上去很愚蠢，但它确实是很多人做事情的方式。

天真科学

在生活中，我们要不停地理解正在发生的一切。为了把所看到的一切写成一个可信的故事，我们使用了天真科学。这意味着要用到因果定律：每件事都是由其他事件引起的，并且也会引发其他事件。问题是找出什么是因，什么是果。而墨菲定律正是在此时频频出现的。

为了找出事件的因果，我们根据对世界基本逻辑的理解，形成了一系列期待。在旧石器时代，人们的期待是相当准确的，因为当时的世界更简单：凡上升的，最终都会下降。我们渴望单纯、简单的真理，但正如布莱克内尔夫人所言：真理很少是单纯的，也从不简单。[1]

下面是一些关于天真科学的例子：

戴帽子会导致秃顶。

戴帽子会导致秃顶，鉴定完毕。

其实事实恰恰相反：秃顶的人才会戴帽子，因为他们的头

---

1 出自奥斯卡·王尔德的作品《不可儿戏》（*The Importance of Being Earnest*），布莱克内尔夫人（Lady Bracknell）是剧中的人物。

顶怕冷。但天真科学家不相信头顶会冷（当然，他自己有一头浓密的秀发），并且他还有一个模糊的概念——被覆盖的东西往往会死亡，植物和动物都是如此，头发也不会例外。

哎，让我们向这位天真科学家致敬吧！

寒冷的天气会导致感冒。

感冒在冬天发生的概率更高，这就是证据，所以寒冷的天气会导致感冒。没有什么比这更明显的了！

但实际情况是，在寒冷的天气里，我们会聚在火炉旁或挤在暖和的房间里，在这些地方，当我们打喷嚏或咳嗽时，病菌会更容易传播。

树木的摇动带来了风。

有些自作聪明的孩子就是这样认为的。

我们可以嘲笑孩子的天真，但是不要忘记，就在不久以前，成年人还相信太阳绕着地球转，相信把适量的土、水、空气和火混合在一起能制作出任何东西，相信人类完全不同于其他任何动物。在希波克拉底和亚里士多德以后的几千年里，我们一直坚信心脏的功能是吸引血液而不是输送血液，肺部的功能是将血液混合，大脑的功能是冷却血液，视觉是由眼睛发出的光线形成的……那些为人们身体健康负责的医护人员，竟把这一切都考虑得前后颠倒，人类能在这样的医疗服务之下挺过中世纪，真是个奇迹。

即使是现在，很多人仍然认为重的物体比轻的物体下落得快，响亮的声音比轻微的声音传播得快，月亮在接近地平线时更大。

现在，所有顶尖科学家都相信宇宙是在一次大爆炸中诞生的。这其中的因果关系似乎毋庸置疑。20世纪20年代，埃德温·哈勃[1]注意到宇宙中所有的星球都在远离地球，同时也在彼此远离，这表明宇宙在膨胀。由此追溯回去，只有一种可能：很久以前，所有的星球和星系一定都集中在一个点上，它们从这一个点向外爆炸，形成了今天的宇宙。这个说法很完美，我也完全相信。

现在，最新发现表明，哈勃的理论只能解释宇宙的 5%，其余的 95% 无法解释，更不要提暗物质或暗能量了；发现还表明宇宙的膨胀速度超过了它应有的速度。

但我还是相信宇宙大爆炸，我对自己的思维拼图很满意。

1　埃德温·哈勃（Edwin Hubble，1889—1953），美国著名天文学家，研究现代宇宙理论最著名的人物之一，提供宇宙膨胀实例证据的第一人。

洗车会导致刹车失灵。

在这件事情上，我们都难逃墨菲定律。

自动洗车间里，当洗车刷在你周围旋转时，汽车开始向前滑动。你拼命踩住刹车，以为自己马上就要撞上洗车场的大门而一命呜呼。可最后你发现，车子并没有向前移动，而是洗车的刷子在向后移动。但是刚才，你大脑里的天真科学家认为，巨大的洗车机器是固定的，因此一定是汽车在移动。

在火车上也会出现类似的情况。当你舒舒服服地坐在火车上等着发车时，突然感到车站开始向后退。这时，大脑里的天真科学家告诉你，火车是静止的。他会说："如果火车要开动，它一定会先震动一下。既然没有震动，那么感到火车站向后移动的唯一原因，就是火车站真的在移动。"

现在你可以看出，"天真"这个形容词是多么贴切了。

温度与效率

在心理学研究领域，埃尔顿·梅奥、罗特里斯伯格和威廉·J. 迪克森这三位教授的名声并不令人羡慕，他们的实验是心理学研究史上最著名的乌龙事件。从 1924 年至 1932 年，他们在伊利诺伊州西塞罗市的西部电力公司霍桑工厂待了八年，研究如何提高工人的生产效率。他们把车间的温度提高 2 摄氏度，产量提高了。他们把温度又提高了 2 摄氏度，产量继续提高。再把温度提高 2 摄氏度，产量再次提高。于是，他们准备得出这样的结论：使车间里保持在亚热带温度是实现产量最大化的最佳途径。

最后，为了结束试验，他们把温度降低到了原来的水平。可这一次，产量竟然进一步提高了！他们试着改变工厂的采光、班组大小和班次时长，每次改变都会带来产量的提高。最后，他们不情愿地得出结论：工人效率提高的原因并不是工作条件的改变，而是他们认为自己得到了关注，认为有人在不辞辛劳地找出他们最喜欢的温度、亮度、班组大小和班次时长，他们其实是在对自己受到的关注和尊重做出回报。

这三位教授都曾在实验室里研究过老鼠。在他们眼中，霍桑工厂的工人们就是小白鼠，当然，他们穿得更整齐，而且能用后腿走路，但除此之外，和老鼠没有什么两样。工人们竟然会如此有情有义，一点儿也不像老鼠，这让他们大吃一惊。

他们想证实，拼图是以某种方式完成的，结果花了很长时间才慢慢发现，还有另外一种方式。至少他们能够坦然承认错误，而很多人是做不到这一点的。

足够的研究更能支持你的理论。

——阿瑟·布洛赫[1]

对于制药公司来说尤其如此，他们会资助许多试验，以测试想要推出的每一种新药物，无论是控制食欲的药，还是抗抑郁药。许多试验并没有公布于众，而在那些公布于众的试验中，绝大多数的结果都令人满意。正如你所料，那些不好的结果已被坚决地、悄无声息地扼杀掉了。这里涉及一种因果关系："因"就是他们的药物，"果"是正在康复的病人。如果病人没有康复，那错不在药，而在病人自己。试验会一直做下去，直到有一位病人在服药后康复。于是，这家公司会广而告之。

所见即所信。

我们认为自己看到的一切都建立在理性观察的基础之上。但事实是，由于满怀期待，我们看到的往往是自己希望看到的。

1901 年 12 月，伽利尔摩·马可尼[2]准备验证他的理论，即

---

1 阿瑟·布洛赫（Arthur Bloch，1948—），美国作家，曾写过与墨菲定律相关的作品。

2 伽利尔摩·马可尼（Guglielmo Marconi，1874—1937），意大利发明家、企业家，无线电通信的发明人之一。

无线电信号可以传输到大西洋彼岸。中午过后不久，他坐在纽芬兰信号山的一间小屋里，等待着从康沃尔郡的波尔杜发来的信号。后来他报告说，从耳机里清楚地听到了字母S的摩尔斯代码。后人通过对当时天气状况的分析，对马可尼的说法提出了质疑，认为他使用的那种中波信号在当时不可能传播那么远。马可尼听到的很可能是静电干扰，而他以为自己听到的就是信号。换言之，他听到的是他想要听到的。

不过，尽管马可尼的实验并不可信，但他认为无线电信号可以越过大西洋，这个判断还是正确的。然而在有些人那里，事情就没有这么凑巧了……

所信即所见。

就在马可尼“听到”无线电信号的同时，法国物理学家勒内·普罗斯珀·布朗德洛特“看到”了一种新型射线，即N射线。他指出，这种射线是X射线折射到一个铝制棱镜上形成的，是一种非常微弱的光线，只有那些目光极其敏锐的人才能看到。不少科学家对此表示怀疑，但许多著名的法国科学家参观了布朗德洛特的实验室，亲眼见证了他的N射线。

这有点儿不可思议，因为这种射线根本就不存在，整个事件就是现代版的“皇帝的新装”。那些著名科学家看到的，是他们想要看到的东西。直到一名记者偷偷地把铝制棱镜从仪器中取出时，这一愚蠢行为才被揭穿，棱镜就摆在眼皮子底下，科学家们还在惊叹于这种神奇的光线。

真相不出门，谎言传千里。

——马克·吐温

真相错综复杂，谎言却直接明了。谎言之所以被人相信，是因为精心设计的可信性掩盖了令人不舒服的破绽。滴水不漏的高明谎言最容易被人接受。谎言也常常与我们的期待相一致。我们往往把世界想象得如同哑剧的情节那么简单，下面几个故事就是很好的例证。

1929年，华尔街股市崩盘，许多人出于绝望而自杀，这是人们的普遍认知，而事实恐怕并非如此。几乎就在股市崩盘的同时，记者们恰巧听说了几起自杀事件，于是就在两者之间建立了一种因果联系。而根据医院的数据，在股市崩盘前后的几个月里，自杀率并没有出现明显的变化。你看，统计学家就是这么令人扫兴。

1966年8月，纽约实行了为期10天的灯火管制。9个月后，出生率急剧上升。如果你想相信这个说法，最好不要去看医院的统计数字，因为从数据来看，根本就不存在任何激增。灯火管制导致婴儿潮，这不过是一个精彩的都市神话。

1958年，华特·迪士尼派一个摄制组去加拿大拍摄旅鼠从悬崖上跳下去的场面。出人意料的是，经过几天的等待，他们发现这些旅鼠总是会避开悬崖。最终，摄制组不耐烦了，他们把几十只旅鼠围了起来，赶到悬崖边上，并拍下了旅鼠跳崖的场景。就这样，电影《白色荒野》（*White Wilderness*）延续了旅鼠自杀的神话。华特·迪士尼很清楚人们心中的拼图是什么样子，他要确保不让观众的期待落空。如果你仔细看《白色荒野》，就会发现旅鼠们正从镜头外被赶向悬崖，但天真的观众只会看到他们想看的东西。现代世界纷繁复杂，但我们原始的思维方式更喜欢将事情简单化处理。

在火星登陆器拍摄的照片上，我们看到的火星是赤褐色的。而事实上，火星并不是这种颜色，而是和月球一样的深灰色。但是如果公布的是沉闷的灰色图片，人们就会兴趣全无，我估计资助也会泡汤。每个人心目中都有火星应有的样子，于是科学家们不得不投其所好，为他们提供“正确的”图片。

他们总是会处决信使。

每个人都是天真科学家，就连军阀、暴君和独裁者也不例外，不过他们可能更偏向于“天真”而不是“科学”。如果看到两件事同时发生，天真科学家就会认为其中一件事导致了另一件事。负责这种联想的大脑区域是额叶。我期待未来的人类进化能够更垂青这一区域，尤其是那些军阀的这一区域，不要让他们再产生更荒谬的联想了。就现在的情况来看，当信使带来坏消息时，军阀们会一声令下："来人，把信使拉出去给我毙了。"

正如前文所强调的，无论怎样努力避免，我们在某种程度上都是天真科学家。昨天买的奶油圆面包找不到了，正巧 4 岁的女儿也不见了，于是我们倾向于把两者联系起来，猜测女儿吃掉了面包，然后躲起来。我们找不到车钥匙，而 19 岁的儿子也不见了。我们找不到自己的妻子，而最好的朋友也不见了……即使是在最和谐的家庭里，也难以避免短暂的猜疑。

过去的故事

只有向后看才能理解生活，只有向前看才能活下去。

——索伦 · 克尔凯郭尔[1]

这个世界变得越来越糟了，所以你可能会认为，无论现在的

1　索伦 · 克尔凯郭尔（Soren Kierkegaard，1813—1855），丹麦著名哲学家。

情况多么差劲，至少过去是安全的，那些往事都被安全地锁在大脑皮层周围的记忆里。

别再幻想了，没有这样的事！

回顾过去时，我们的视力都是2.0。

——比利·怀尔德[1]

事实证明，比利·怀尔德和克尔凯郭尔都错了。为了适应现在，我们会改写过去。回顾过去就是对过去的改写。有研究发现，再根深蒂固的记忆，也可以被轻松消除。这是在实验室条件下用老鼠做实验得到的结论。对人类而言，我们不仅可以消除对过去的记忆，还可以在自己认为有必要的情况下，用一段全新记忆来取而代之。

研究一下人类的大脑，我们就会发现这并不难做到。记忆分布在大脑皮层的许多区域：声音记忆位于听觉皮层，视觉记忆位于视觉皮层，地理记忆位于海马体，情绪记忆位于杏仁核。不同区域由神经元连接在一起，就像一张编织得很松散的挂毯。随着时间的推移，每一根线都会发生选择性老化。要想

1　比利·怀尔德（Billy Wilder，1906—2002），美国电影导演、编剧，曾两次获得奥斯卡最佳导演奖。

恢复记忆，首先要弄清楚大脑皮层各区域的那些“挂毯”还剩下多少没破损的部分，再把细节添加上去。

“挂毯”的某些部分是不会褪色的，尤其是恐惧反应，但其余部分甚至有完全丧失的可能，所以在重构的过程中很容易失真。众所周知，目击者对犯罪现场的描述是很不可靠的。

20世纪80年代，美国出现了一系列记忆被错误恢复的事件。1986年，护工纳丁·库尔为处理家庭问题而接受了心理治疗。在一位心理医生的指导下，她恢复了被压抑几十年之久的记忆，而那些就是她精神问题的原因。

在记忆中，她加入过一个邪教，经历过很多可怕的事情，8岁时还曾目睹一个朋友被杀害。仅这些事件就足以解释她所患的任何一种综合征了，但这位心理医生帮助她恢复了更多的记忆。令她惊讶的是，她发现自己有120多种人格，其中包括孩子、成人、天使，甚至还有鸭子。此时，她开始怀疑自己是不是已经完全疯掉了。

直到更多错误恢复记忆的案例被发现，许多家庭被类似的“启发”所摧毁之后，这位心理医生的操控伎俩才被揭露。显然，这些记忆都是虚假的，但这些荒谬的想法是多么容易成为他们官方传记的一部分啊！受害者不会怀疑被恢复的记忆是否真实，因为他们相信过去的神圣性和记忆的纯洁性。

怀旧时，一切并非原来的样子。

过去的时光都是美好的，对于这种看法，我们应该持怀疑态度，因为我们是以存有偏见的目光来看待过去的。过去的日子里阳光明媚，充满了欢笑；人们无忧无虑，挣钱容易，花钱也潇洒；路不拾遗，夜不闭户。现在的世界发展得太快了，犯罪率也在上升，今天的年轻人不懂得尊重人，听不进别人的意见……

事实上，发生变化的不是年轻人，而是他们的批评者——老年人。

老年人更脆弱，行动更迟缓，应变能力更差。他们更容易觉得寒冷，而年轻人则没有这个问题。就像前文提到过的那样，老人们的内在时钟已经慢了下来，所以在他们看来，今天年轻人的速度太快，让人眼花缭乱，把老年人丢到了一边。但是这些老年人应该记住，在他们自己年轻时，对当时的老人也是如此。

爱是一个肮脏的把戏，为了实现物种的延续而欺骗我们。

——萨默塞特·毛姆，《作家笔记》（*A Writer's Notebook*），1949年

在感情方面，我们对于激情和疼痛的感受更加强烈。随着一段恋情的结束，会出现对过去事件的过度改写。当一个女孩发现男孩在外面乱来时，过去6个月的历史就全被改写了："难怪他会那么晚回家……他脖子上的'瘀青'原来是这么回事……难怪他每天晚上都那么疲惫……"这种改写会持续很久，天翻地覆，天使会被描绘成恶魔，还可能引起一阵子创伤后应激障碍——夜不能寐，不断重温过去，继续改写往事，使其与新的事实相匹配。

不建立联系

现在你已经看到了，我们很容易建立错误联系，把原因和结果弄得一团糟。但是如果不建立联系，看不到因果关系，同样会带来可怕的后果。

凡是你喜欢的都是非法的、不道德的，或使人发胖的。

——亚历山大·伍尔科特[1]

暴饮暴食是一个全球性问题，人们似乎无法控制。在过去十万年时间里，人类的大脑没有发生多大变化。我们的祖先吃

---

1 亚历山大·伍尔科特（Alexander Woollcott，1887—1943），美国作家、评论家。

树叶、树根、坚果和浆果，并且一有机会就去狩猎。猎人们经常空手而归，饥肠辘辘。毫无疑问，这种生活很艰苦，而大脑天生就是被用来应付这种生活的。早期的人类经常饥肠辘辘，食不果腹，所以大脑让他们在有东西吃时放开肚皮吃。

在现代西方国家，人们一如既往地放开肚皮吃，因为永远不知道下一次饥荒会在何时到来，而聪明的大脑已经做好了安排，让饥荒永远不再发生。由此带来的不良影响就是，三分之一的美国人是肥胖症患者，世界上其他地区的肥胖率也在不断上升。尽管如此，我们依然在以各种形式吃个不停，因为这是一种本能。

是时候制造出某种东西，让我们不要再这样吃下去了，但是这样的东西还没有问世。我们期待着某种本能的出现，让人类不要再感到饥饿。

实际上，大脑中有一个区域应该承担起这一任务。位于大脑中间深处的下丘脑负责监控血糖浓度。当血糖浓度过高时，下丘脑会给高级脑一种饱足感的提示。但是高级脑并不能采取措施，因为在深层的本能层面，我们无法将吃和肥胖症联系起来。这种联系之所以没有被建立，是因为我们的大脑无法适应它所创造出来的世界，而这正是墨菲定律的主旨所在。

你只能预测已经发生的事情。

——尤金·尤涅斯库[1]，《犀牛》（*Le Rhinoceros*），1959年

政府和科学家肩负的责任是做出预测，并准备应对之策。但科学飞速变化，日新月异，这无情地告诉我们，要做到未雨绸缪并不容易。当氯氟烃（CFC）这种伟大的新分子被发明出来时，整个制冷行业欢呼雀跃。因为它太完美了：成本低，无毒无污染。对于气雾剂产业和制冷产业来说，这简直是一份大礼。

那时，没有人能够预见氯氟烃会对地球造成什么影响。它是怎么对地球造成影响的呢？这些分子上升到平流层，在紫外线的照射下发生几十次微妙的化学反应，然后才开始以不计后果的速度破坏臭氧层。在当时，没人能预见如此遥远的未来。

遗憾的是，看清过去也要花费很长时间。直到1984年，人们发现臭氧层上有一个洞，而这是由氯氟烃造成的，关于这种神奇分子的神话才被打破。尽管科学家们一致认识到这种破坏的严重性和它对地球上生命的威胁，但国际社会在三年后才开始实施禁令。而直到今天，这项禁令依然没有得到彻底执行。

1　尤金·尤涅斯库（Eugene Ionesco，1912—1994），法国剧作家，“荒诞派”代表人物，《犀牛》是他的重要作品。

你让自己的脸更凉爽时，也让地球变得更热。

和肥胖症一样，气候变暖也是我们可以预见的事情，但我们未能建立正确的联系。在漫长而炎热的夏天，我们会打开电风扇，让自己凉快一下。风扇的电能来自发电站，而发电站将二氧化碳作为发电过程中的副产品排入大气。二氧化碳是一种温室气体，它会导致气候变暖，于是我们觉得更热，打开了第二台风扇。两台风扇消耗双倍的电量，产生双倍的二氧化碳，因此导致全球变暖速度加快。结果，我们更热了，于是又打开了两台风扇……如此往复，形成一个恶性循环。

气候的剧烈变化，从严重的干旱到飓风和洪水，都是由大气中多余的热量造成的，科学已经证明了这一点。但我们仍然保留着旧石器时代对凉爽微风的热爱。如果认识不到空气冷却装置和气候变暖之间的因果关系，全球变暖最终会把我们烤焦。

迷信

与因果关系相对的是有因无果。如果你做了某件事，结果避免了一场灾难，你自然会继续这么做。这就是迷信行为的本质。

我们忌讳数字 13，怕它真像别人说的那样不吉利。几乎所有办公大楼和酒店都没有13层或13号房间，许多机场不设置13号登机口，飞机上没有第13排座位。意大利的国家彩票中没有13这个数字，在佛罗伦萨的街区，12号和14号之间的房子被称为12.5号。许多城市没有第13街或第13大道。

在法国，有一种被称为“第14位客人”的社交常客，如果宴会上只有13位客人，就会请他们来救场。没有人会允许数字13进入生活，即使是做一个验证13是否真会带来厄运的实验也不行。

迷信的顽固之处在于，人们会执着地相信，是因为实施了某种迷信行为，灾难才被避免了。

比如，如果你打翻了盐罐，为了安全起见，你会向肩膀后方撒一撮盐。结果呢？万事平安。其实本来就不会有什么灾难发生，但是现在，你就会觉得朝身后撒盐这一招果然很灵验。为了安全起见，以后你就会继续那样做。你并不想以身试险，对不对？

如果你对撒盐这样的迷信举动嗤之以鼻，那么请问问自己，在电子邮件地址中是否只使用小写字母，以防万一呢？其实电子邮件地址是不区分大小写的，但是凭我这么一说，你就敢使用一个有大写字母的邮件地址吗？

小结：别以为世界在跟你作对

无论是顶尖科学家、业余科学家还是非科学家，我们都在从事天真科学。2002年6月，我在一所学校科学部的备课室。当时是下午上课前，老师们都在全神贯注地观看电视上的世界杯足球赛。墨菲定律把我们耍得团团转。

你一眨巴眼睛，就有人得分；你一去卫生间，就错过三个连续进球；如果是点球大战，电视就会出故障。

那是一场点球大战，所以我知道电视会坏，但不知道在什么时候。有位老师一边走进房间，一边埋怨某位同学。就在他把书扔在桌子上的一刹那，电视机坏掉了。所有老师都转向他，气急败坏地问道："你干了什么？"他们去检查了那本书，又检查了桌子，还检查了电视所在的角落。当然，这些之间没有任何联系。但他们都是天真科学家，没有人能摆脱这种本能。

我们都喜欢简单的答案，不喜欢高难度的拼图。在大脑中，我们想用锯子锯掉拼图所有凸出来的部分，或者把拼图浸泡成糊状，然后塞进我们留好的空间里。在下一章，我们就会找到这样一个工具，用来烹煮和搅拌这块拼图，然后把它任意染成我们喜欢的颜色。

Chapter 5
情绪导致的墨菲定律

当我们开始探讨情绪问题时，与拼图游戏的类比就行不通了。完成木制拼图是一个很冷静的过程，与情绪无关，而完成人生拼图的过程一点儿也不冷静。生活中的一切都有情绪色彩。曾有学说认为人有四种基本体液（humour[1]）——黏液、黄胆汁、血液和黑胆汁，它们分别主导形成了人的四种基本情绪类型：黏液质（随和）、胆汁质（好斗）、多血质（反复无常）和抑郁质（抑郁）。一些现代心理学家提出了六种或八种不同的情绪类型，这些都基于对面部表情的识别：愤怒与厌恶、期待与喜

1　在英语中，humour一词既指人体中的这四种体液，也有“心情、感觉、精神状态”的意思。

悦、悲伤与惊奇、接受与恐惧。但是在表面之下，可能潜藏着更多的“类情绪”，即称不上是情绪的微妙变化。

显然，无论多么微不足道，任何事物都有一点儿情绪色彩，就像任何东西都有一点颜色、气味，或能发出声响一样。

尽管我们生来就有许多本能的情绪反应，但大多数情绪都是需要后天习得的。例如，红色只是一种颜色。如果有个孩子看到一个男人挥舞着一面红旗，他只会想到“男人+旗子+红色”，仅此而已。但后来当他学会了将情绪与颜色联系起来，就会意识到，一名男子在军队射击场上挥舞红色的旗帜（危险），在庆祝新年时挥舞红色的旗帜（欢乐），或在总统府外挥舞红色的旗帜（抗议），这三个场景的情绪色彩是完全不同的。一旦加入了情绪，就意味着此时“红色”的含义比过去要多得多。

到目前为止，我们还没有对情绪展开探讨，但它是墨菲定律一切表现的基础。当墨菲定律发生作用时，例如当吐司涂了黄油的一面朝下落到地板上时，我们会无动于衷吗？绝对不会！我们会恼火，或许还会感到沮丧，此外还可能会产生挫败感和负罪感，会自怨自艾、抑郁、内疚、讽刺、羞愧、伤心、厌恶、惊讶、怀疑、蔑视、期待、恐惧、懊悔、敬畏、愤世嫉俗、失望、尴尬、暴怒、惊愕、诧异，但是绝对不会无动于衷。

恐惧

掌管情绪的中枢是杏仁核，这是一个位于大脑下端的小器官，被称为“哺乳动物的大脑”，因为它早在现代大脑形成之前就出现在哺乳动物颅内了。杏仁核负责处理最重要的情绪——恐惧。恐惧可以救命。感到恐惧时，肾上腺素激增，心跳加速，眼睛瞪大，所有外在的恐惧表现都源于内心对战斗或逃跑的准备。这是一种内在的生存机制，就像让你把手从火焰上拿开的反射一样重要。和这种反射一样，恐惧是自动、迅速的，它经常会使大脑的其他功能显得慢上半拍。

一旦识别出威胁，杏仁核就会激发一系列激素反应，其主要结果是血液中出现肾上腺素。肾上腺素会引发恐慌，使你采取行动。在浴室里，我们会遇到一种非常尴尬的墨菲定律现象，从中就可以看到这种反应。

浴缸里的蜘蛛一天比一天大。

大约十分之一的欧洲人有蜘蛛恐惧症，然而所有欧洲人都知道欧洲蜘蛛是无毒的。那么为什么还是会出现恐慌呢？你一看到蜘蛛，就从浴室里尖叫着跑出来，好像从死神的嘴里跑出来一样。为什么要这样呢？你没有听见那个可怜的小东西在呼救吗？

你的大脑没有告诉你“等一等，没有什么危险的，只是一个可怜的小东西掉进浴缸爬不出来了而已”？这是为什么呢？

当你看到蜘蛛时，来自视觉皮层的信息首先被传送到位于杏仁核上方的中转站，即丘脑。在这里，信息走上两条不同的传输路线：一条以正常的方式进入大脑皮层，用来思考将要发生的事情，或者是对其采取某种行动；另一条则直接通向杏仁核，杏仁核看了一眼就按下恐慌按钮。在意识到什么之前，你已经站到浴室门外了。这里的“在意识到什么之前”是可以从字面意义上来理解的。用功能性磁共振成像技术对脑部进行扫描的结果显示，本可能对其采取行动的大脑皮层完全被排除在了这个回路之外，它只是随后才加入进来，观察激素的混乱状况，并记录下恐惧这一情绪，这时你才会意识到发生了什么。这是最奇怪的事情：最后一个意识到你感到了恐慌的人，是你自己；在此之前，周围的每个人都已经意识到了这一点。尽管事后你会告诉所有人说你感到恐惧，就跑出了浴室，但事实恰恰相反：你先从浴室跑出来，然后才感到了恐惧。

杏仁核的快速反应是必需的，因为在紧急情况下，速度至关重要。这不是深思熟虑的时候，因为蜘蛛随时都有可能扑向你。

这就把我们带回到了墨菲时刻。这里的核心问题是：是什么样的紧急情况？为什么是蜘蛛？它们并不危险，至少我们在北欧国家看到的那些都是如此。没有人知道这个问题的答案，但有可能我们在这个情况中面对的是一种深层的本能：这是一种退化了的条件反射，可以追溯到几十万年前，那时智人还没有从非洲向北迁徙，而在非洲，有些蜘蛛是会咬人的，并且还有毒。

众所周知，复杂的恐惧反应是可以遗传的。马害怕蛇，即使从来没有见过蛇，它依然会对蛇敬而远之。即使看到水管，它也会害怕。我们对蜘蛛的恐惧是无意识的、未经训练的，任何试图摆脱这种恐惧的尝试都没有用。

有些科学家认为，我们的恐惧是对蜘蛛移动方式做出的反应。和黑豹一样，蜘蛛也是捕食者，它们潜伏、追踪、爬行，然后突袭并吃掉猎物。也许我们害怕自己会成为它的下一个猎物。不管出于什么原因，这都是一种原始的反应，尽管不适合家中的浴室。这种恐惧症一定会像鸡皮疙瘩和阑尾一样，成为进化的残留。

当我们凝视浴缸时，还有一个问题会出现：为什么我们中有那么多人相信蜘蛛是从出水口里爬出来的呢？我们身上的天真科学家有一个解释，这种解释基于一个简单的概念，即相互靠近的东西就一定有关联。蜘蛛就在出水口旁边，因此它一定是从那里爬出来的，鉴定完毕！有人会指出，出水口下面有一个U型弯头，蜘蛛在试图游过它时就会被淹死。天真科学家会说“那它肯定能在水中呼吸”。

这样或那样的恐惧永远伴随着我们。

没有钱的时候，你会担心吃什么。有钱之后，你会担心性爱。等有了食物和性爱，你会担心健康。当一切都很完美，你就开始担心死亡。

——詹姆斯·帕特里克·唐利维[1]

我们大多数人都和唐利维一样，有一种持续的、低层次的恐惧。这种恐惧没有具体的对象，只是一种朦胧的不安感。大脑皮层会自动搜寻这种不安感的起因。作为天真科学家，它会把这种焦虑与当时头脑中出现的任何东西联系起来，无论是食物、性爱、健康还是死亡。

这似乎有点儿颠倒，因为我们很自然地相信思想指导情绪，而不是情绪在指导思想。

为了验证这一点，沙赫特和惠勒在1962年做了一个实验：为两组志愿者分别注射肾上腺素和氯丙嗪（一种抑制兴奋的药物），然后让他们观看一部搞笑电影。注射了肾上腺素的那一组大笑不止，而注射了氯丙嗪的那一组面无表情。之后，注射肾上腺素的那一组说他们认为这部电影很搞笑，而注射氯丙嗪的那一组根本就想不出有什么好笑的。可见，志愿者们对这部电影的看法是由激素状况决定的，大脑不会指导激素，而是乐意

1　詹姆斯·帕特里克·唐利维（J.P. Donleavy，1926—2017），爱尔兰小说家、剧作家。

地接受着激素的指导。

所有的消息都是坏消息。

最常见的情绪被分为六种：惊讶、快乐、厌恶、恐惧、生气和难过。这其中，有四种是不愉快的。所以我们生活中大部分时间都与不愉快的事情相关，这也就不足为奇了。你的大脑一直被恐惧占据着，没有多余的空间可以浪费在进展顺利的事情上。大脑只关注问题。大部分电视新闻是关于灾难的，如果新闻节目报道的是世界上进展顺利的事情，它或许会令人更加愉快，但肯定会变得极其漫长。

如果你想事事迟到，那就永远都给自己留出充裕的时间。

没有情绪上的冲动，任何一项工作都有可能永远躺在待办清单的最末一行。无论大脑皮层怎样嘀咕着要留出充裕的时间来完成某件事，以免在最后一刻发生变故，你还是会不慌不忙，无所事事。直到最后期限的前一周，杏仁核下达的恐慌指令才把你牢牢攫住。还有什么比最后期限更能让杏仁核兴奋起来呢？训练有素的杏仁核会让你想起排队领取救济金、被朋友抛弃、被房东驱逐和挨饿的情景，让你和你的大脑皮层在接下来的一周时间里，每天晚上都处于兴奋状态。

于是，你就会发现阿瑟·布洛赫的这句话是多么真实：“工作的前90%占用了前90%的时间，而最后的10%占用了你其余时间的90%。”

爱情

爱情是墨菲定律最青睐的领域，所以我们经常在这方面被愚弄。性爱是如此的重要，一只雄性飞蛾只要接收到一个雌性信息素分子，就会为了找到这只雌性飞蛾飞上数英里，搜寻数小时。但性行为并非必然的结果，对昆虫和人类都是如此。从果蝇到交际花，所有的雌性都会做选择。在同意交配之前，雌性会让雄性经受各种考验，如跳交配舞，或进行其他求爱仪式。

性欲心头起，理智窗外飞。

恋爱时，大脑中到底发生了什么？

2001 年，塞米尔·泽克教授和安德里亚斯·巴特尔斯教授找到了一些热恋中的志愿者，让他们在看着爱人的照片时接受脑部扫描。结果显示了人在恋爱时大脑所发生的变化。脑岛中部会变得十分活跃，这是一个与大脑所有感官高度连接的区域。与此同时，前扣带回皮层也会活跃起来，而这里是对引起欣快感的药物做出反应的区域。此外，大脑更深处的基底神经节区域的愉悦中枢也会很活跃。后扣带回皮层活动的减少会提高欣快感。这样会产生很多激素：多巴胺、苯乙胺、睾丸素、血清素、雌激素和催产素，以及其他各种信息素。难怪爱情会让人变得疯狂。

大多数女性不会用挑选丈夫的眼光去挑选汽车。

一旦下定决心，你就不想再做出改变。在爱情这个高度情感化的领域，心目中的形象一旦形成，就容不得现实的玷污。你的大脑不仅看到它想看的东西，还积极地避免看到它不想看的东西。与其说爱情是盲目的，不如说爱情中的人们是被故意蒙蔽的，例如调至昏暗的光线、播放着的撩人音乐、仔细挑选的香水、异国风味的食物和特别的酒水。

爱情不是用眼睛来看的，而是用心来看的。
所以长翅膀的丘比特，眼睛总是被蒙上的。

——威廉·莎士比亚，《仲夏夜之梦》（*A Midsummer Night's Dream*），1595年

当她看到他眼中温情脉脉的目光时，她真正看到的是什么？

在昏暗的餐厅里，这种温情脉脉的目光可能只是一种幻觉。激情的作用之一就是使瞳孔扩张。“温情脉脉的目光”意味着瞳孔会又黑又大（就像很多画家笔下那样）。在昏暗的餐厅里，为了适应环境，瞳孔就会放大。这下好了！温情脉脉的目光就像开关一样，轻轻一按就打开了。

有情人的爱得不到所爱之人的回应时，该怎么做呢？如何治愈单相思之苦呢？温迪·科普在她的诗《爱的两种疗法》中给出了答案：

不要见他，不要给他打电话或写信；

简单的方法：更好地了解他。

心灵有自己的逻辑，理智对此一无所知。

——布莱斯·帕斯卡[1]，《思想录》（*Pensées*），1670年

对于那些想体验爱情过山车的人来说，除了去令人感到心旷神怡的餐厅，真实的过山车也是一个非常好的选择。世间男女的爱情轶事表明，玩一次紧张刺激的过山车，爱意会更上一层楼。

一位上了年纪的人曾经说过：“爱会让你永葆青

1 布莱斯·帕斯卡（Blaise Pascal，1623—1662），法国数学家、哲学家、散文家。

春。”下面的这些说法的确会“永葆青春”，因为无论我们如何睿智地点头称是，说“是啊，太对了”“一点没错”，还是会一次次地违背它们。

- 没有男人的女人就像没有自行车的金鱼。
- 没有女人的男人就像没有颈椎病的脖子。
- 男人有女人不能活，没有女人也不能活。
- 再婚是希望对经验的胜利。
- 单身汉是那种从不犯相同错误的人。
- 想维持成功的婚姻，就需要和同一个人多次恋爱。

这不又是一个大脑误读情绪的例子吗？

1974年，达顿和阿伦发现，人在感官兴奋时会出现一种幻觉。不列颠哥伦比亚省的卡皮拉诺峡谷有一座200米长的索桥，闻名于世。有一天，一位性感的女研究员来到峡谷中一群男游客面前，问了他们一些问题，据说是关于风景对创造力的影响。之后，这些游客被问到对这位女研究员的看法。其中有些人是在摇摇晃晃的索桥上接受了采访，他们当时因为很害怕而处于一种“兴奋”状态，而这似乎也影响了他们对那位女研究员的印象：和那些“脚踏实地”的男游客相比，索桥上接受采访的游客认为她更有魅力。

可见，感官可能会被愚弄。恐惧的刺激可能会被误认作爱情的刺激。

如果现在你正仰慕、崇拜着一位偶像，毫无疑问，他或她是完美的。但是你呢？对于你的伴侣来说，你足够完美吗？照照镜子吧。啊？镜子里是你吗？昨天你肯定没有这么胖……

本书前几章应该为你站在镜子前的这一刻做好了铺垫。这再次证明了一点：我们看到的是想要看到的，和真实的存在无关。我们有时会在镜子里看到一个苗条、潇洒、美丽的自己，有时会看到一头怪兽，而这一切都取决于当天的情绪状态。

比如说，用吹毛求疵的眼光审视镜子里的自己时，我们会忘记自己所有的聪慧、风趣、仁慈和慷慨，因为镜子告诉我们，现在出麻烦事了：

对她来说，在重要约会的当晚，鼻子上不合时宜地冒出了一颗痘痘；

对他来说，不管怎么梳，总有一根头发桀骜不驯地立着。

我们会为这些小细节而烦恼，而我们所爱的人根本不会注意到这些，因为他们也在为自己的小细节烦恼着：

他确信自己在镜子里看到了一根白发；

她为了消除眼角的鱼尾纹拼命地涂着抗皱眼霜。

天哪！他们都只有17岁啊！

愤怒

激情是好的仆人、坏的主人。

——《伊索寓言》

英语里的“杏仁核”一词来自拉丁语，意思是杏仁。它不仅形状像杏仁这种坚果，有时还会让你抓狂。[1]任何发过火的人（也就是我们每一个人）都知道一个人发狂时会有多可怕。怒火中烧时的你就像我们的类人猿祖先，表现出纯粹属于类人猿的攻击性。

不过，更加理性的额叶可以让你恢复正常状态。杏仁核和大脑额叶之间的联系很重要。

当你怒气冲天时，额叶会告诉杏仁核冷静下来。在人的大脑中，与杏仁核相比，额叶的出现要晚得多，只有一百五十万年的历史。年轻的额叶对古老的杏仁核有调节作用，这使我们能够营造出一个现代环境，这种环境既包括城市化和民主，也包括你争我夺和逆来顺受。

不过，很难说这是件好事还是坏事。

1　在英语里，nut是“坚果”的意思，而go nuts有“丧失理智”的意思。

愤怒能让愚钝之人变得机智，却使他们依旧贫穷。

——弗朗西斯 · 培根

愤怒是通过声音来表达的。丛林里的黑猩猩被激怒时会大声尖叫，以此向敌人发出警告。现代人在表达愤怒时并不比黑猩猩厉害多少。街头的争吵并不是妙语连珠的，而是充满咒骂和尖叫。在更高级的圈子里，愤怒无疑可以用更高水平的诗歌来表达，但是无论这首诗如何充满才华，辱骂就是辱骂。不幸的是，让我们妙语连珠的怒火，也能烧掉我们的职业前景（见后文的“楼梯上的马后炮”）。

生气时说的话是最好的演讲词，但它会让你追悔莫及。

——安布罗斯 · 比尔斯[1]

杏仁核充满激情，并且随时准备战斗，它与大脑额叶相连，而额叶认为，要赢得战争，你可能要偶尔输掉一次战斗。古代先贤关于节制的说法正好表达了额叶的作用。韩国人说：“如果你愤怒地踢石头，只会伤到自己的脚。”佛陀说：“愤怒就像抓着一块烧红的煤，你想把它扔向别人，烧伤的却是你自己。” 德国

1　安布罗斯 · 比尔斯（Ambrose Bierce，1842—1914），美国作家、批评家。

人说：“把你的愤怒写到一封信中，但不要寄出去。”

然而我们经常会“怒火中烧”，被一种自己无法控制的力量操纵。在做了一件非常勇敢或非常愚蠢的事情之后，我们会感到一阵茫然：“发生了什么？我这是在哪儿？刚才我脑子里一片空白……”这表明了杏仁核的威力。杏仁核能在紧急情况下挽救你的生命，它拥有强大的力量和绝对的权威，会让你为剧烈的动作做好准备，使疼痛变成麻木，让感官更加灵敏，加快大脑的处理能力，使你能够更快地做出多项决定。在危急时刻，它的速度能快到让人感到外面的世界似乎都慢了下来。但这些决定只适用于旧石器时代的世界，而不适用于今天更加有规则、更加都市化和温文尔雅的世界，因为可能会导致激情犯罪。法律中“减轻罪责”的辩护，就是为了解释额叶没能控制杏仁核时可能发生的可怕事件而设立的。

在两者之间很难找到合适的平衡点。一方面，我们崇尚勇敢。德国作家让·保罗·里克特说过：“胆小鬼在危险发生前就会害怕，懦夫在面对危险时会害怕，而勇士只在事后才会害怕。”另一方面，勇士的快速反应也会造成悲剧。曾有研究者对41名已被定罪的杀人犯进行过脑部扫描，结果显示，他们的额叶活跃性低。这些人之所以会杀人，是因为他们的额叶无法控制杏仁核。等到额叶被激活时，伤害已经造成了。

你钦佩后面司机的耐心，却轻视了前面司机的耐心。

路怒症、超市过道怒症……所有让人火冒三丈的愤怒，都是旧石器时代的遗留。

额叶控制杏仁核的能力需要通过社交来训练。对我们大多数人来说，社交活动占据了家庭和学校生活的绝大部分。在家里，我们学会了等待奖励，学会了用理智而不是眼泪来获得想要的东西；在学校里，与同学相互尊重、配合老师都是十分重要的基本要求，不需要出现在核心课程中。

如果这方面的训练缺失，会发生什么情况呢？这样的例子比比皆是。

20 世纪 80 年代，一所罗马尼亚孤儿院中的孩子们好像完全没有控制情绪的能力。从一出生，他们所处的环境就缺乏人性关怀。实际上，在被遗弃之后，他们只能得到基本的食物和住所。对他们来说，从额叶到杏仁核的这条路从来没有被打通过。心理学家丹尼娅·格拉泽对其中被美国家庭收养的孤儿进行调查后发现，虽然他们的社交能力在逐步提高，但被孤儿院收容的时间越长，控制情绪就越难，有的孩子能够在几秒的时间里从爱变成恨。和很多事情一样，情绪控制的能力也遵循“用进废退”的规律。

这是一句男人们想问又不敢问的话：“你是不是有点儿经前综合征？”

经前综合征（PMS）之所以会发生，是因为体内激素导致了情绪变化，让大脑出现混乱。血清素水平降低，这会导致抑郁；γ-氨基丁酸水平降低，这会导致焦虑；作为神经化学物质的内啡肽水平降低，这会降低疼痛阈值。简而言之，情绪会很不稳定，而大脑往往意识不到这个事实。如果额叶无法适应新的情绪状态，就会让我们陷入暴怒当中。

在许多案件的法庭审理中，经前综合征已经被视为减刑情节，比如1980年的一次重要审判。

犯人名叫桑迪·克拉多克，在那次犯罪前，她已经多次触犯法律。她曾因盗窃、纵火和袭击他人而被起诉。在1980年，她杀害了一名同事，并因涉嫌谋杀而被送上法庭。警方后来发现了她的日记。在审讯中，一名医生指出她的暴力行为每29天发生一次，这起谋杀显然是由经前综合征引起的。基于减轻责任的辩护，她最后被判过失杀人罪。

你刚关上门，就想起了要说的话。

有种经历被称为“楼梯上的马后炮”：你拖着沉重的脚步

走下楼梯，耳畔还回响着门关上时那“砰”的一声，这时，你才想到了一个精彩绝妙的反驳之词，如果早十秒钟想到，刚才就可以解决争论了。

如果你刚才被杏仁核掌控，就会像我们的远祖那样做——尖叫、撕咬、砸家具。这样的话，谁胜谁负就一目了然了——当然就是幸存下来的那一个获胜。反过来说，如果你完全忽略了杏仁核，就会表现得很平淡，很冷漠。

不过，你现在的任务应该是，在战斗与辩论之间达成平衡。

如今，赢得辩论的能力与暴力无关，但是也与真理、正义和理性陈述无关，而是与辩论练习有很大的关系。和弹钢琴一样，辩论也是一门技艺。你必须反复学习和训练修辞手法、颤音、华丽辞藻的使用，如此才能击败对手。

在法庭上，辩论将以最复杂的形式被表现得淋漓尽致。

客观来讲，人们雇用律师是为了打赢官司，而不是要达成一个公平公正的解决方案。为了达到这个目的，律师们要通过适当的激情来表现一定的演讲技巧，此时杏仁核被置于严格的控制之下。

要实现平衡是十分困难的：如果没有激情，可能会实现绝对的公平公正；然而如果没有激情，人们也就没有了对维护公平的渴望。

如果父母对你大叫，那是因为他们错了。

如果他们不对你大叫，那是因为你是对的。

——摘自本书作者理查德·罗宾逊的作品《为何世界靠不住》（*Why the World is Wonky*）

雇用一个十几岁的少年，趁他还无所不知。

——某油炸食品店的招牌，班伯里，英格兰

孩子渐渐长大成人，变得一表人才，他们的父母却在慢慢萎缩，成为指手画脚的老古董。从生理上看，随着孩子身高的增长，大脑也在发生着巨大的改变，只是表面看来没有那么明显。激素水平正在发生剧烈的变化，迫切需要前额叶对其加以控制。

这里有一个大问题。功能性磁共振成像技术扫描显示，大脑发育成熟所需的时间比我们想象的要长。这些研究的重点不是神经元本身，而是它们的绝缘作用。在14岁到25岁之间，一层脂肪髓鞘逐渐把大脑中所有的神经元包裹起来，使其更有效率，就像电线上的绝缘层可以提高导电性能一样。最后一个被髓鞘包裹起来的区域是额叶，要到25岁左右。因此，年轻人感到焦虑是正常的。睾丸激素和雌性激素在四周移动，但是额叶还没有准备好固定这些狂暴的激素。因此，年轻人的激情已经发育成熟，但他们控制激情的能力却仍然像孩子一样。

马克·吐温曾这样回忆他的成长经历：“14岁的时候，我觉得父亲无知透顶，我简直无法忍受和他待在一起。但是到了21岁的时候，我惊讶地发现，他是那么博学智慧，好像在这七年里学到了无数东西。”

避免情绪化

人们往往言不由衷，词不达意。

谨慎地使用语言可以避免扰乱杏仁核，从而有助于消除冲突中的情绪色彩。例如，英国议会有严格的规定，不能使用煽动性的语言，如“无赖”“告密者”“流浪汉”“杀人犯”“猪猡”和“无耻的兔崽子”等。根据英国议会的议事录，这里的每个词语都有可能导致议员突然中风。

如果记者不得不为他们无法忍受的人说一些好话，他们会找到合适的词语，把正确的情绪传达给正确的人，同时又不会激怒错误的人。在《面向外行读者的新闻写作》（*Journalism for the Lay Reader*）一书中，著名专栏作家约翰·里奥指出：“说话温和”的真正含义是“怯懦”，“忠诚”的真正含义是“愚蠢”，“高尚”的真正含义是“无能”，“努力”的真正含义是“单调乏味”，“白手起家”的真正含义是“不诚实”，“务实”的真正含义是“不择手段”。

词语可以获得本来并不具有的含义。例如，“cretin”这个词现在的意思是“白痴”，但是它原先的意思并非如此，而是指一种疾病，后来在使用中，词义才发生了改变。为了表达对此类疾病患者的尊重，现在这种疾病被称为“先天性甲状腺功能减低症”。我们希望“cretin”这个词能够早点儿废弃不用。

在灾难面前，过于注意措辞会导致适得其反的效果。例如，工程师们必须写“故障模式及其影响分析报告”，列出所有可能出问题的地方，以及如果出问题将会发生什么情况。这种文件的措辞应该清晰明了，但工程师们总是会使用模棱两可的表达，如用“无法控制的热衰变”来表达“火灾”，用“意外的能量损失”来表达“爆裂”，用“自发快速分解”来表达“爆炸”，用“破坏性减速”来表达“坠毁”。

在每一场军事冲突中，我们都会听到一些经过净化的词汇，比如“附带伤害”指的是平民伤亡，“种族清洗”指的是种族灭绝，而所谓的“友军炮火”也完全不是这个词语的字面意思。

1 个人的死是一场悲剧，而 5000 人的死只是一个数字。

这句话暴露了我们的问题。现代人必须处理大的数字，而我们的原始祖先只有一套由 3 个数字组成的计数系统，那就是 1、2 和很多。但是对于有些人来说，任何 2 以上的数字都太大，让人难以把握，同时也太小，不值得大惊小怪。

我们可以对这句话体现出的冷血感到震惊，但绝对不能忘记，对我们所有人来说，要去关心人类的悲剧是一件多么困难的事情。我们感受到的同情并不会随着悲惨程度的逐步上升而增多，反而似乎在迅速减弱。从街头乞丐到饥荒救济，对慷慨的反复索求导致“同情心疲劳”，慈善机构不得不在新的广告宣传活动上花钱，以确保获得捐款。

抨击这句话很容易，但是对于世界上的诸多问题，我们每一个人都有责任。例如，对木材的需求导致了森林被滥伐，乱砍滥伐会破坏土壤的稳定性，使其容易受到洪水和雪崩的影响，而洪水和雪崩是我们在电视上看到的许多人类灾难的原因。灾难结束了，制作电视节目的摄制组离开了，但是表层土没有了，因此农业也没有了。这一切与我们每个人都有关系。

灾难距离越远，成为新闻事件所需的伤亡人数就越多。

未来的大脑如果得到了充分进化，将获得一种全球化的思维，能够意识到一个国家的行为会对另一个国家的人产生影响。就目前的情况而言，技术才能的发展超前于人类情感的成熟，因此我们陷入了一种尴尬的境地：能够在全球范围内行动，却只能以地域角度来思考。

时间能治愈所有的伤痛。

——杰弗里·乔叟[1]，《特洛伊罗斯与克丽西达》（*Troilus and Criseyde*），1385年

另一种从生活中去除情绪的方法是，让时间的流逝发挥作用。对我们的情感生活来说，遗忘和记忆一样重要。如果每次回忆起生活中的恐惧和惊吓时，总是像第一次经历时那样强烈，恐怕我们就要被肾上腺素溶解了。遗憾的是，有些伤口似乎永远无法愈合。创伤性事件的记忆可能会持续数十年，目前科学家们也正在寻找治疗的方法。

2002年，慕尼黑马克斯·普朗克精神病学研究所的比特·卢茨发现了大麻素受体CB1——这种分子可以帮助我们忘记过去的创伤。迄今为止，这个机构的研究对象还仅限于老鼠，但科学家对深入开展此项研究很感兴趣。他们说，这一研究可能会促进创伤后应激障碍（PTSD）的治疗，这种障碍多发生在悲剧事件的受害者或作战士兵身上，他们无法忘记过去的痛苦经历。

其实，大众已经先于科研机构对此做了研究：20世纪60年

1　杰弗里·乔叟（Geoffrey Chaucer，1343—1400），英国作家，代表作《坎特伯雷故事集》。

代中期，越南战争爆发后，美国的大麻吸食量上升，在越战老兵中间尤其如此。

广告业想方设法利用你的情绪。如果成功了，那是因为它成功地哄骗了你的情绪。例如：房地产经纪人擅长利用各种类型的爱，保险推销员更青睐恐惧，而有些组织则更看重愤怒。

所有的东西看起来都很有用，直到你买下它们。

那个无用的、没有价值的丑东西是怎么来到你家的？是你买的吗？你怎么会这么愚蠢呢？

正所谓“知其道，用其妙”，广告业充分利用我们所有人身上的天真科学家，把想卖掉的东西放在可以激发某种情绪的其他东西旁边，不管这种情绪是骄傲、权力欲还是爱。

当两件事同时发生时，它们就会被联系在一起。一百年前，巴甫洛夫用他对狗的条件反射研究指出了这个简单的事实。如果你在喂狗时摇铃，几次之后，你一摇铃，狗就会四处寻找食物。这一点对人类同样适用。如果你让一个身穿比基尼的模特站在汽车旁，并且有人买了这辆车，那么在接下来的两天里，他会一直翻找汽车的储物箱，试图找到那个性感女模特。把两种情绪联系在一起，就能够产生自动反应。明星代言，广告植入，安抚人心的画外音，五分钟后，你就上钩了。只有当情绪稍微平静下来之后，你才会意识到自己做了什么。

客观性

在很多墨菲定律的情境中，我们都是对着物体无助地大喊大叫，而不是对着人。我们非常擅长万物有灵论，将人格赋予无生命的物体，和人格一起被赋予的还有情绪、意图和动机。1944年，海德和齐美尔这两位实验者制作了一部电影，展示的是两个三角形和一个圆圈围绕一个正方形的运动，它们时而进入正方形，时而从里面出来，时而环绕正方形。对于观看这部电影的人来说，这个故事说的是，两个同样爱上了圆形的三角形，为了争夺爱情而竞争。

其实万物有灵论是与生俱来的。心理学家让·皮亚杰记录了许多发生在儿童身上的万物有灵论案例，如：拍打撞到自己的桌子；告诉一块石头不要掉落到花园里，以免伤害小花；在一块木板上钻洞时告诉它不要哭。当我们长大后，这种天性应该随着训练而逐渐消失，但实际上没有，它还在那里。例如，在英语里，船舶被称为“她”，而死亡则被称为“他”。死亡不是一个中性的事件，而是有目的性：“他找上了门来。”我们认为事物是有主动性的，要么站在我们这一边，要么和我们作对，并且大部分都是和我们作对的。

万物有灵论与天真科学并驾齐驱。它们合在一起，就像劳莱和哈迪二人组一样可笑。[1]

永远不要让计算机知道你有多着急。

万物有灵论使我们把动物的属性，乃至人类的属性强加在一切事物上，甚至连计算机也是“邪恶的”：在你按下保存键的一瞬间，它就知道你要做什么，然后赶在你前面一微秒快速崩溃。正如著名系列漫画《呆伯特》（*Dilbert*）的作者斯科特·亚当斯所指出的那样，计算机这种科学奇迹是由天才创造的，然后被扔给像你我这样的白痴，让我们疲于应付。

而像你我这样的后旧石器时代人类，只能凭着天真科学和生来就信仰万物有灵论的大脑，围着这个毫无理由就崩溃的科

1　劳莱（Laurel）和哈迪（Hardy）是戏剧电影史上著名的组合，他们一胖一瘦，表演诙谐幽默。

学奇迹，表演一场仪式性的舞蹈，还一边尖叫着：“怎么回事！你怎么能这样！请恢复过来，求求你了！如果你能马上恢复过来，只要这一次，我就给你许多好吃的……”

如果你对物体大声吼叫，它们会表现得更好。

诅咒确实有效。如果你对着螺栓和自行车刹车大骂一通，那么很快，它们就会乖乖组装到一起。

对于诅咒的心理学原理，我们还不得而知。据说这是一种释放紧张情绪的方式，但是其背后的原理还有待研究。正如打喷嚏能疏通鼻窦，诅咒也可以清洁大脑皮层，让大脑更好地处理任务。

然而诅咒能让自行车的零部件自动组装起来，这个想法是错误的，因为这样我们就陷入了万物有灵论，从而对各种事情产生不该有的信念。

公交车怎么等都不来，于是你决定走到下一个车站。当你走到两个车站中间时，公交车疾驰而过。

这里不是要谈论公交车有多么无辜，前文已经提到过，为什么它们会三三两两地同时到站。在这里，我们要揭露的是这些铁皮怪兽的乖戾本性。它们狡猾地躲藏起来，等待着，等待着，直到你恰好走到两个公交站之间，然后欢快地大叫一声，从你身边疾驰而过。就这样，万物有灵论赋予公交车自由意志，而我们身上的天真科学家则从中推断出恶意的动机。

在后面第八章讲解科学的部分，我们将讨论无生命物体的真实情况（更确切地说，这个“真实情况”就是它们确实没有生命）：吐司以优雅的动作落到地上，涂了黄油的一面朝下；抽屉里的袜子像是以无记名投票的方式，决定轮到谁失踪；在你记录电话号码时，墨水从钢笔里喷出来，溅到笔记本上，等你想要擦掉时，墨迹已经干了；你正在柜子里找手套，那只丢失的左手手套却在沙发后面默默地嘲笑你……

万物有灵论有何意义呢？或许，古代海图上朝着船帆吹风的小天使能回答这个问题，大自然爱好者和环保主义者能回答这个问题，那个著名的喜剧人物巴兹尔·弗尔蒂会在汽车抛锚时用树枝鞭打车子作为惩罚，看来他也能回答这个问题。老水手们向神明祈祷，仿佛这样就能改变混乱的天气系统。照我看，他们还不如寄 50 英镑给巴塔哥尼亚的蝴蝶，叫它们不要扇动翅膀，以免给北大西洋带来风暴。赌徒们祈求幸运女神的到来，希望手里的牌能够自动按照正确顺序排列。

万物有灵论只会导致适得其反的结果，没有任何意义。显然，它没有带来进化上的优势。我认为万物有灵论就像蜘蛛恐惧症一样，属于进化上的死水区。它是人类同理心过度发展的产物（见后文的“镜像神经元”）。我们猜测别人想法的能力会延伸到物体上，虽然物体并没有什么想法可以读取。

关于万物有灵论带来的烦恼，阿瑟·布洛赫曾举过很多例子：

- 无生命物体的移动刚好能够挡住你的路。
- 你一提到某事，如果是好事，它就不会出现，如果是坏事，它就一定发生。
- 最后一颗螺丝总是怎么也拧不下来。
- 无论你买什么东西，在保修期结束后的第一天，它一定会突然坏掉。
- 自然万物总是有难以发现的瑕疵。
- 在你需要集中注意力的时候，总有能够让你分心的事情发生。
- 每一个小问题里，都有一个大问题呼之欲出。
- 引发问题的主要因素是解决方案。
- 阿基米德定律升级版：你刚跳进浴缸，门铃响了。
- 运动中的物体总是朝着错误的方向运动，静止的物体总是出现在错误的地方。

小结：情绪不会坏事

人类自然演进的下一步不是《星际迷航》里的斯波克先生[1]，因为没有情绪的生活是完全不可能的。美国著名心理学家安东尼奥·达马西奥讲过一位病人的故事，这个人叫埃利奥特，他的大脑前部有一个恶性肿瘤被切除了，不幸的是，手术切断了他的额叶和杏仁核之间的一些连接。从很多方面来看，埃利奥特都完全康复了，他的记忆完好无损，他的身体功能正常，大部分事情他都能做。问题是他总是拿不定主意该做什么，因为对他来说，没有什么事情看起来是重要的。他整天都在犹豫，甚至无法做出最简单的决定。没有了杏仁核所能传递的那种情绪的推动（无论这种推动是多么微小），他都会失去方向。杏仁核引导着我们的喜好，而喜好又引导着我们的生活。

埃利奥特的例子说明了情绪对正常生活是多么重要。但我们也看到，“正常”的一天中也会有相当多的“不正常”：看到无害的蜘蛛会感到害怕，爱上错

1　斯波克先生，《星际迷航》中的人物，他是半人类半瓦肯星人，抑制了自己作为人类的情绪。

误的人，对一项无用的技术恨之入骨。这让你怀疑情绪是否被高估了。

对于最纯粹的科学来说，情绪是通往真理之路的巨大绊脚石。把人类的动机赋予无生命物体，会使我们无法看到它们真实的运作情况。无论是过去还是现在，最伟大的科学家似乎都是那些寻找冰冷事实的人。英国著名科学家亨利·卡文迪什的科学发现领先时代一百年，但他的着装品位却落后时代一百年。他从来都是低声细语的，并且总是避开人群。他对人类一点儿也不感兴趣。他之所以会有非凡的科学洞察力，正是因为避免从情绪上卷入无生命的世界。但是当他以同样的方式对待人类时，这种非凡的洞察力就不存在了。牛顿和爱因斯坦也表现出类似的特征，他们之所以能够有重大发现，正是因为超然于情绪之外，能够更加冷静地看待事物。

我们要对这种冷静持谨慎态度。在某种意义上，冷静的科学家也可能是危险的科学家。就像制造出科学怪人的弗兰肯斯坦或氢弹之父爱德华·泰勒一样，他们做了那么多了不起的事，似乎只是因为这些事情可以被做到，而不是出于任何人道目的。运用科学做出奇妙事情的能力，需要受到对其结果的情绪认知的约束。

在一些罕见的悲剧事件中，有些人的杏仁核被完全切除，从他们身上，我们可以看到情绪是多么重要。他们对外面的世界兴趣全无，一件物品给他们的感觉和另一件完全一样，而人类也被归为“物品”。他们不会感到快乐，也不会感到悲伤，而是没有了任何情绪。他们对生活失去了所有兴趣，因为生与死都被剥夺了意义。

没有了情绪，我们就会像变形虫一样没有人性。即使是《星际迷航》中被认为没有情绪的斯波克先生，也一定拥有情绪，而且是相当多的情绪。否则，是什么促使他一周又一周地大胆前行呢？但是如果我们不能控制自己的情绪，就会有鲁莽行事的危险，在这样的情况下，墨菲定律就会如影随形。

Chapter 6
人群中的墨菲定律

拼图是否已经完成了呢？我们已经收集了所有的图块，并把它们放在合适的位置，补齐了拼图的空缺，但事情尚未结束，因为我们还没有征求其他人的意见。无论你心里怎么想，与你周围人群的拼图相比，你自己的拼图毫无意义。

你见过这样的人吗？他们在家里非常温顺，但是一到周五，就会变成派对狂。还有的人在家里不受控制，但是到公司里却成为甜美的天使。如果你周围有这样的人，你一定能够理解我在说什么。本章将讨论人们在群体中的情况。无论我们认为自己"核心的"内在自我是怎样的，在聚会上，在委员会上，在和孩子们一起时，在足球比赛中，甚至和另外一个人在房间里时，我们的表现是完全不同的。在上述的每个场合，我们都会表现出一个不同的自我。正如将在本章中所看到的那样，我们在群体中做出的决定，是任何头脑正常的人都不会独自做出的。墨菲定律就是这里的铁律。

镜像神经元

镜像神经元是群体行为的基本概念。根据美国神经科学家拉玛钱德兰的预测，镜像神经元于心理学的地位将与脱氧核糖核酸（DNA）于生物学的地位一样重要。镜像神经元是真实存在的，可被观测的，也是值得注意的。

1998年，意大利神经生理学家贾科莫·里佐拉蒂给猴子做了脑部功能性磁共振成像，他发现当一只猴子看到另一只猴子努力解决问题时，它的大脑会与另一只猴子的大脑发生镜射，几乎是以神经元对神经元的方式映射出另一只猴子的思维。两个大脑是互相牵连的，这一发现十分惊人。猴子X的习得瞬间转移到猴子Y的大脑中，而两者之间根本没有任何交流。仅仅通过观察猴子X，猴子Y就可以自由地做猴子X做的事情，或者采用略微不同的方法，而猴子X也可以观察、学习、思考并尝试另一种方法，这样它们就能共同解决问题。当涉及镜像神经元时，两个脑袋肯定比一个脑袋好使。

我们不应该对这些猴子的读心术感到惊讶，毕竟，它们的大脑都是由相同物质根据同一基本框架组成的，结构一样，放电方式也一样。对一只猴子来说，“侵入”另一只猴子的大脑，并在那里畅行无阻，应该是相对容易的。人类的大脑结构与猴子相似。我们喜欢在动物园里观察猴子，因为我们知道它们在想什么，我们能读懂它们的心思。但我们能读懂海豚的心思吗？我们能读懂狗的心思吗？狗能读懂我们的心思吗？这就是狗知道人类什么时候要去散步的原因吗？我们彼此有同理心和类似情绪，并且互为镜像吗？

毫无疑问，人类彼此之间也会使用镜像神经元。如果你愿意，可以称之为“同理心”。看到别人打针时，自己就会畏缩，因为我们感受到了他们的疼痛。我们在电影院为别人的不幸而哭泣，这也是因为镜像神经元的作用。一个开心的人会让整个群体快乐起来，而一个闷闷不乐的人也会让整个群体不开心。

我们从很小的时候就开始镜射他人。心理学家安迪·梅尔佐夫观察到，即使是出生仅40分钟的婴儿也能模仿他眼前的面孔，比如做鬼脸或吐舌头。

人们的大脑往往会自动镜射他人。如果你在拥挤的公共汽车或火车上打个哈欠，很快半节车厢的人都会跟着打哈欠。他们不由自主，因为他们的大脑和你的大脑是互相牵连的。在下面这个重要的墨菲定律现象背后，就有镜像神经元的影子。

当有人观看时，一切都不对劲了。

这支小提琴曲你已经练习两个星期了。当你一个人练习时，一切都很好。但是在大庭广众之下，所有人的目光都注视着你。在这个真正紧要的关头，在满怀期待的寂静中，你的大脑却一片空白。这是怎么回事？如果你理解了镜像神经元，也就理解了背后的原因。

首先，演奏乐器并不容易，它涉及大脑多个区域的协调。小脑负责处理基本问题（你站直了吗？你知道你的手指放在哪里吗？），豆状核储存着你已经掌握的手指技法，海马体帮你学习新的技法，运动和感觉区域指导实际的肌肉运动，额叶负责思考演奏。除此之外，演奏也与这些区域的协调有关。当它们配合默契时，你的手指会飞舞起来，几乎不假思索。事实上，重要的就是你不要去思索，因为这样会打断这些区域之间的对话。这就是所谓的“进入状态”，尽管这更应该被称为“脱离状态”，因为你会超然其外，让大脑继续处理它的多项任务。

但观众的到来改变了这一切，此时，意想不到的各种新想法打破了你的冷静。我的头发没有翘起来吧？不会有人看到我脸上的痘痘吧？千万别忘了鞠躬！我来过这个地方吗？

此外，房间里其他人的存在让你的镜像神经元开始发挥作用。你的听众会“通过”你来欣赏音乐，但是你也开始通过听众的耳朵来倾听。你在排练时并没有为这些神经元的波动做好准备。一旦你产生了自我意识，协调性就会消失。你必须学会应对奇怪的新想法，才能让大脑找回以前的状态。

克服羞怯最简单的方法就是多在众人面前练习。正如沿着悬崖小径散步会让你不再害怕峭壁，同样，在人前练习也会让你在观众面前更加轻松自如。

模因

在镜像神经元被发现的三十年前，理查德·道金斯[1]在他的“模因”理论中就预见了镜像神经元的存在。在《自私的基因》（*The Selfish Gene*）一书中他指出，DNA并不是唯一能够代代相传的东西，习得的特征、文化习俗也有自己的生命，而这些就是他所说的“模因”。和基因一样，它们也会被复制，也会发生变异，有用的会遗传下去，无用的就会消失。

模因理论解释了1952年在日本幸岛[2]上的一项惊人发现。

1　理查德·道金斯（Richard Dawkins，1941—），英国演化生物学家、动物行为学家、科普作家。

2　幸岛位于日本宫崎县，岛上有很多猴子，在国际灵长类学术界有很高知名度。

为了研究日本猕猴，科学家把红薯扔在沙滩上，引诱它们走出森林。猴子们喜欢红薯的味道，但不喜欢沙子。一只名叫伊莫的18个月大的雌猴发现，可以到附近的小溪里洗掉红薯上面的沙子，于是把这个窍门教给了它的妈妈。后来，伊莫的玩伴也通过观察学会了这个方法，并且教给了各自的妈妈。渐渐地，所有的猴子都学会了这个方法，几代之后，它们仍然会这样做。当一只小猴看到成年猴子洗红薯时，它的神经元就会发生镜射，这种做法马上就会嵌入它的大脑中。

对我们人类来说，模因的范围很广，远远超出了洗红薯。任何通过学习并传给下一代的东西都是模因。往小了说，像“耐心点儿”这样的口头禅就是一种模因；往大里说，社会习俗、民族文化和宗教都属于模因。

第一个发现锯齿状燧石用途的人被伙伴们看到，于是大家开始模仿他。事实证明，这种使用石头的方法广受欢迎，甚至使地球上长达一百万年的历史因这种方法而得名——石器时代。一万五千年前，生活在如今伊拉克地区的另一群人尝试了一件更复杂的事情，那就是定居在同一地点，而不是逐水草而居，四处去游荡。他们开始种庄稼，还圈养一些动物，农业就这样诞生了。考古学家可以绘制出农业的传播图，它从美索不达米亚平原向西以每年1000米的速度传播。因为每个部落都会模仿他们的邻居，从而接受了这个模因，并把它传递下去。

模因和基因之间有何区别呢？吃蘑菇的行为应该属于“基因”的范畴，因为它与进食的本能有关；而知道吃哪种蘑菇则是一种模因，是经过数百年发展而来的。很多人在发现哪些蘑菇不能吃的过程中丧生，因此这种模因是付出沉重的代价之后才获得的，所以会非常认真地一代代传递下去。

模因就像遗传基因一样顽强，即使在发生变异很长一段时间以后，它们依然会留下痕迹。虽然我们的一部分DNA已经停止为手臂提供旺盛的毛发，但另一部分DNA仍能让手臂上产生鸡皮疙瘩，这是一种基因垃圾。夹克袖子上的纽扣是从袖子可以卷起来的时代遗留下来的，这也是一种模因垃圾。

当然，模因的传播需要一群人。幸运的是，我们总能找到人群。

你外出度假时，其他人也外出度假。你启程回家时，其他人也启程回家。你为了避开高峰而凌晨四点出发，却发现其他人也这样做。

具有讽刺意味的是，我们一方面对拥挤的人群感到恼火，另一方面却把所有的庆祝活动都安排到一起。过去，一些有识之士曾建议把某些节假日错开，这样大家就能在不同的日子里庆祝，以避免拥堵。你肯定觉得这种建议准会大受欢迎，但事实证明，你错了。我们都需要挤在一起，因为人性就是如此，我们都是群居动物。整个周六下午所有人都堵在路上，因为每个人都想在同一时间去同一个购物中心，而且都乐此不疲。

我们还非常乐于抱怨一些事情。夏日里，我们本可以独自享受一片无人的沙滩，却总是会沿着海岸线一直张望，直到找到一片充满了孩子哭闹声和尖叫声的沙滩，然后疯狂抱怨这里缺乏隐私。从合唱圣诞颂歌到世界杯决赛，人们抓住每一个挤在一起的机会。在那里，我们会展现并分享各自的模因。

当每个人可以随心所欲时，他们却总是做同样的事情。

——埃里克·霍弗[1]，《心灵的激情状态》(*The Passionate State of Mind*)，1955年

在独自一人时，我们的想法会千奇百怪，可当组成一个群体时，我们的想法会趋于一致。1937年，社会心理学家穆扎弗·谢里夫做了一项富有想象力的实验，他用一种被称为游动效应的视错觉来证明了这一点。游动效应是这样的：如果你坐在只有一个小光点的黑暗房间里，你会发现光点在移动，因为没有任何固定的参照物，所以大脑无法将光点固定下来。谢里夫把几个学生留在房间里，让他们观察这个光点。他没有告

1　埃里克·霍弗（Eric Hoffer，1902—1983），美国作家。

诉学生们这个光点是固定的，结果，他们每个人都以为光点在移动。当然，对每个人来说，光点移动的距离和方向都是不同的，因为这是一种幻觉。但是当谢里夫邀请学生们谈论这个光点的运动时，他们的说法开始趋同。过了一段时间，所有人都说光点朝着一个方向移动。换句话说，他们彼此协调了各自的幻觉。他们的思维像小鸟一样聚集到了一起。

> 模因可以解释着装上的流行时尚。我们可以和别人穿得完全不同，而不是看看其他人都穿什么，然后照着做。英国的艺术史学家詹姆斯·拉沃尔 1937 年出版了《品位与时尚》（*Taste and Fashion*）一书，总结了通用的“时尚法则”。我们都是这样认为的：
>
> - 超前 10 年的衣服：不雅。
> - 超前 5 年的衣服：不知羞耻。
> - 超前 1 年的衣服：大胆。
> - 当前流行的衣服：时髦。
> - 落伍 1 年的衣服：邋遢。
> - 落伍 10 年的衣服：丑陋。
> - 落伍 20 年的衣服：滑稽。
> - 落伍 30 年的衣服：好笑。
> - 落伍 50 年的衣服：雅致。

- 落伍 70 年的衣服：迷人。
- 落伍 100 年的衣服：浪漫。
- 落伍 150 年的衣服：美丽。

直发一定要烫卷，卷发一定要拉直。

毫无疑问，当你到了极度从众的年龄，时尚所要求的发型总会与你自己的发型背道而驰。在每个时代，只有一种发型是时尚的，而无论你留着哪种发型，绝对不会是流行的那一种。

追赶潮流会带来不幸的后果，例如，当露脐装的时尚遭遇肥胖症时。在人类历史上的某个时期，本来我们该把肚脐藏起来，但因为墨菲定律，却不得不把它卖弄出来。虽然结果往往惨不忍睹，但对于骄傲而独立的年轻人来说，只要能够和别人一样，他们可以做任何事情。

有时候，时尚的模因会稳定下来，也许可以持续几个世纪之久，这时它就会被重新命名为“传统”。有时候，这会导致一些非常奇特的现象。例如在英国，代表着无上智慧的是上议院的高级法官，他是国家司法体系的守护者，庄重可敬，神色威严。可是他的着装却有点儿像小卖部的售货阿姨：头发是盘起来的，还穿了一身睡袍一样的外套。不过要改变这身打扮，看来可能会威胁文明的根基。

在大学生毕业时，学生们的头上会戴一顶由扁平木板支着的学位帽。其实，如果他们愿意的话可以集体申诉，因为以这种方式来炫耀智慧非常愚蠢。但模因的力量是十分强大的，于是戴这种学位帽的传统一直沿袭至今。

企业中的墨菲定律

弥漫在企业中的模因被称为“企业文化”。无论是出售汉堡包的麦当劳，还是经营汽车的克莱斯勒公司，每一家企业都有自己的文化，这种文化体现了经营者的理念。只要你想继续在这家企业工作，就得按这种方式做事。比如，你想在麦当劳出人头地，那就要按照麦当劳的方法来工作。但问题是，应该向哪一个人看齐呢？麦当劳这家公司太大了，要想了解它的企业文化，肯定会很困难，也很容易出错。

这里无疑也会出现墨菲定律的身影。

> 企业的运作方式很神秘，我们可以在黏菌的世界里找到类比。黏菌是一种真菌，生长于腐烂的木头上。黏菌之所以黏糊糊的，是因为它们基本上是一群变形虫，在彼此身上攀爬。它们咀嚼着木头里的细菌，偶尔会停下来一会

儿，从中间一分为二进行无性繁殖，然后继续咀嚼。每个变形虫都是独立自主的。

然而当出现食物短缺时，奇怪的事情发生了。一种化学信号在菌群中传播，迫使它们向中心移动，在那里它们组成鼻涕虫的形状，开始沿着木头向上移动。如果你此时进行一次采访，每一个变形虫都会强调自己仍然是独立的个体，但对于局外人来说，它显然肩负着更高的使命——它是“集体”的一部分，它在“鼻涕虫”内部的位置决定了要担负的具体任务：如果位于底部，它就必须推动“鼻涕虫”向前移动；如果过了一段时间它到了前面，就需要利用敏锐的嗅觉找到前进方向。当这条“鼻涕虫”爬到木头的最高点，菌群将再次发生变化：会长出一根枝丫，在枝丫的末端长出一个荚状物，里面有一小群变形虫。在枝丫枯萎之后，荚状物会被风吹到一个新的地方，在那里它又开始了新的生命周期。

因此，一条看似独立的变形虫可以成为黏菌群体的一部分，在为菌群利益而牺牲自己之前，它们协调一致地完成了几次艰难的行动，以确保顶层少数变形虫能够生存下来。这听起来是否有点熟悉？

每个企业内部都有一种机构，其任务是确保一切行动都能够维护组织的利益。这个机构被称为委员会。

处理问题的方法比解决方案更重要。
内部一致比效率更重要。
如果一个问题需要很多会议来讨论，那么会议最终会变得比问题更重要。
——阿瑟·布洛赫

人身上是没有委员会基因的。委员会的工作程序是一种代代相传的文化模因。DNA的基本成分是腺苷、鸟嘌呤、胸腺嘧啶和胞嘧啶，而委员会则由议程、法定人数、提案、修正案、其他事项和休会动议组成。

委员会：一个扼杀好点子的地方。

据说委员会的任务，是将好的、新的、有创意的想法引入一个密室，然后将这些想法悄无声息地扼杀掉。当过美国总统的约翰·肯尼迪说委员会就是“十二个人做一个人的工作”；著名演员米尔顿·伯利称其为“一群为了几分钟而浪费几小时的人”；美国法学家阿瑟·戈德堡则说：“如果哥伦布有一个顾问团队，他可能现在还在码头上。”

为什么委员会的名声会这么糟糕呢？

委员会是一个组织免疫系统的重要部分。新的想法一开始总会被认为是危险的，并被谨慎对待，就像对待可能会导致传染病的病毒那样。在此意义上，委员会就像一个组织的淋巴结，负责调查每个奇怪的想法。如果它看起来符合组织的文化，就会被接受；如果不符合，它就会被推到下一次会议上，然后到再下一次，这样一推再推，直到它枯萎死亡。

如果说所有委员会都是灵感的荒漠，那么对于有些知道自己的存在目的，而且运作得非常好的委员会来说，就构成了污蔑。然而当一个组织没有明确目标时，其结果完全可能是这样的：一个好点子受到来自各个方向的拖拽，直到它被严重扭曲，然后为它制定出了一个预算。

另外，如果没有一个委员会成员能够实际地控制局面，那种甜蜜的民主也会让人无限沮丧。每个人都在敷衍塞责，看起来友好、公平，彼此之间也很支持，但最后他们找到的解决方案绝不会是最好的，倒很有可能是一筐烂桃子里不太烂的那一个。

委员会是这样一群人：
他们中的任何一个人都不能独自决定什么事情，但是可以一起决定什么事情都不做。

委员会内部也有一种令人不安的感觉，那就是每个人都在倾听一个神秘的声音。委员会的每一个人都从骨子里知道，设立委员会的公司希望他们能得出某种结论。但是公司不愿意透露评判标准，所以又不能告诉他们这个结论是什么。因此，委员会玩的是一场耳语游戏，其中还有一位不见其形、不闻其声的隐形玩家，即模因。在很多情况下，委员会默认的想法是，管理层更希望别发生什么特别事件。于是，真的就什么都没有发生。

委员会永远都不能真的做什么决定。

当你不愿意继续思考的时候，结论就产生了。

——阿瑟·布洛赫

无论是长期存在的委员会，还是为一个具体目的而设立的委员会，有时必须要得出结论。

这些结论必须看起来像结论，不能含糊其词。这样一份充满术语、行话和“前进”“赋权”等正面词汇的报告，将掀起一道烟幕，把企业文化向前推进，在每个人的简历上增加亮点，这是一个皆大欢喜的结果。

最后，手段能够证明手段的正当性。

成功和墨菲定律

墨菲定律能帮你达到事业的巅峰吗？

成功的秘诀是真诚：一旦能做到假装真诚，你就成功了。

——让 · 季洛杜[1]

要想全面、深入地了解一个人，唯一的方法就是研究他的面部表情。我们的大脑为这些小小的面部肌肉预留了一大片处理区域。仅仅通过观察一个人，我们怎么对他的心理进行分析呢？读懂一张脸有多难？

人类共有 7000 多种面部表情，其中使用最频繁的是“社会性微笑”，因为正如丽塔·卡特在《大脑的秘密档案》（*Mapping the Mind*）一书中指出的那样，它能帮助我们说谎。社会性微笑和自然的微笑很不一样。脑部扫描显示，生成这种社会性微笑需要大脑多个区域和面部不同肌肉的参与。真诚的微笑会使用眼睛周围的一小块肌肉，而社会性微笑不使用这部分肌肉，而且真诚的微笑往往比社会性微笑持续的时间更长。如果你能学会假装做这些肌肉运动，那你就成功了。

1　让·季洛杜（Jean Giraudoux，1882—1944），法国外交官和剧作家。

我们大多数人似乎真的无法区分真正的微笑和虚假的微笑。1990年，加利福尼亚大学的学者保罗·艾克曼等人告诉两组护士，说要测试一下她们在各种情况下能有多聪明、多快乐。研究人员给她们播放一部电影，并让她们用轻松愉快的方式向评委描述这部电影。第一组看的是一部让人快乐的电影，她们可以发出真诚的微笑；但是第二组看的是一部人们遭受着可怕伤害的电影。两组护士都接受了肢体语言研究专家们的面谈，其中包括心理学家、法官、侦探、特工和海关官员。结果，只有少数专家能分辨出谁的微笑是假的。

一盎司重的形象胜过一磅重的表现。

——劳伦斯·彼得[1]，《彼得原理》（*The Peter Principle*），1969年

1946年，所罗门·阿希[2]巧妙地展示了好形象和坏形象之间的细微差别。他给了两组人各一份描述某位虚构人物的形容词列表，其中一份列表上写的是聪明、能干、勤奋、热情、坚定、务实和谨慎；另一份列表的内容基本一样，只是“热情”换成了“冷淡”。结果，两组人对于这位虚构人物的判断大相径庭，一

1 劳伦斯·彼得（Laurence J. Peter，1919—1988），美国教育家、作家。

2 所罗门·阿希（Solomon Asch，1907—1996），美国心理学家，1967年获美国心理学会颁发的杰出科学贡献奖。

组人认为他可能慷慨大方、广受欢迎、善于交际、幽默风趣，而另一组则认为他生性吝啬、不受欢迎、性格孤僻、不苟言笑。可见，无论你有什么其他特征，只要有“热情”，总是好的。

在对一个人做出判断的时候，我们的结论往往建立在一些差强人意的证据之上。心理学家称这种错误判断为认知吝啬（把许多不同的特征混在一起）、天真科学（得出过于简单的结论）和晕轮效应（因为一种明显的特质而影响对其他所有特质的判断，就像上面提到的“热情”这个特质那样）。这样做的结果是，我们最终形成了一系列几乎完全基于猜测的观点。

认知吝啬。很多人用鞋子来衡量人的个性，如好人穿好鞋。这可能是一个极端的例子，但我们大多数人都认为胖人更快乐，认为高额头的人更聪明，认为两眼距离太近的人不可靠，认为美丽的面孔下面一定有美好的心灵。正如美国作家多萝西·帕克所说的那样：“男人很少会对戴眼镜的女孩感兴趣。”

天真科学。仅仅根据一个人的名字，就能得出一个简单化的结论。在阿德勒主持的一项实验中，164名精神病医生被要求根据一页纸的描述，对一名有过袭击行为的病人做出评估。纸上的描述是一样的，但被分成两组的医生看到的病人名字，一个是马修，另一个是韦恩。结果，韦恩得到的评价总是更糟。在莎士比亚的《罗密欧与朱丽叶》中，朱丽叶曾问道：“名字有什么关系？”答案是：关系很大。也许，这就是莎士比亚没有把这部作品命名为“韦恩与朱丽叶”的原因吧。

晕轮效应。让美好的事物环绕着你，你肯定也会跟着变美好。真的！

没有什么比成功的外表更成功的了。

——克里斯托弗·拉什[1]

通过选择合适的装饰品来加强晕轮效应，这种需要从未像现在这样迫切。文化的复杂性为我们创造了大量的装饰品：手机、鼻环、昂贵的首饰、高翻领、劳力士手表、劳斯莱斯汽车、发型、飞机里程积分卡和大大的微笑，诸如此类，不一而足。所有这些都能展示真实的、成功的你，所以就像园丁鸟那样，把这些小饰品收集到你身边吧。

富人的笑话总是很可笑。

与正确的人交往很重要。只要和一位重要人物在房间里待上五分钟，就能为你的人生增光添彩。因为那时，你的镜像神经元会非常活跃。

---

1 克里斯托弗·拉什（Christopher Lasch，1932—1994），美国社会批评家。

一项巧妙的实验表明了我们与周围人和事之间的联系有多深。一些学生被要求对一系列单词进行分类，有人拿到的是中性词，有人拿到的是与年龄有关的消极词汇，如“衰老”或“关节炎”。实验结束后，研究人员感谢了他们，并让他们即刻离开。当他们走向电梯时，一定在纳闷这一切是怎么回事。事实上，他们走路的速度是受到监控的。那些拿到了消极词汇的人走路明显慢了许多，刚才做的事对他们产生了一些影响，使他们有点儿“变老”了。

如果你不想让身边的年轻人，在和你共同度过的时间里感到他们自己衰老了，那么你最好想办法保持年轻。致力于让人青春永驻的产业价值数十亿，就是这个原因。等着看吧，“抗衰老面霜”的销量会永远增长。

甚至有可能我们的基因也参与了模因的这场阴谋。备受争议的幼态持续理论指出，人类的毛发越来越少，眼睛越来越大，两眼之间的距离也越来越大，变得越来越像婴儿。我们都在进化成婴儿的样子，这是不是为了让我们看起来更有吸引力？

下面是一些出处不同的办公室规则。遵守这些规则，周围的每个人都会对你使用他们的天真科学、晕轮效应和认知吝啬。

- 在办公室里四处走动时，手里一定要拿一份文件。

- 永远不要第一个打哈欠。
- 永远不要在上午10点之前进行谈判，对方会觉得你很急切。
- 也不要在下午4点以后进行谈判，对方会认为你在孤注一掷。
- 在接电话之前，一定要让铃声响三次。
- 留意一些好消息，并成为好消息的传递者。
- 坏消息到来时要赶紧离开。
- 一定要让人看到你和重要人物在一起。
- 听别人讲笑话时，一定要等别人说完，不要抢着说出笑点。
- 当被告知一个需要严格保密的消息时，一定要努力将其扩散出去。
- 发现老板的非凡魅力和风趣幽默之处。
- 发放名片给每一个人，包括你的家人。
- 不要在电梯里讲话。
- 永远不要让老板知道你比他聪明。
- 永远不要使用“不”这个字。
- 永远不要使用“实际上”这个词。
- 即使你平时滴酒不沾，也要在某天来一次宿醉。
- 不时地试试老板的建议。

权力、地位和墨菲定律

你想让自己的观点占上风，想在团队中留下自己的印记，想展示自己的领导才能，想获得晋升，但是有一个问题：

受欢迎的人肯定被人厌恶。

这句话给全世界的员工提出了一个难题：要想在公司里获得晋升，你必须要受人欢迎，然而成功需要心计和野心。

你发现热情很有用，于是就拼命地热情待人。然而其他人也在努力比你更加热情。最终，你们中肯定会有一个最热情、最友好的人，他就会成为最受人欢迎的那一个。但是其他人迟早会以一种热情而无害的方式联合起来，打压他，排挤他，让他孤立无援。

没有人会真正因为朋友的失败而悲伤。

——戈尔·维达尔[1]

有了这样的朋友，能比感染埃博拉病毒好到哪儿去呢？戈

1 戈尔·维达尔（Gore Vidal，1925—2012），美国小说家、剧作家和散文家。

尔·维达尔的说法或许有点儿愤世嫉俗，但是他说的没错，这真是一个悖论，当一个朋友或同事失败时，你的心情一半是悲伤，一半是高兴。

似乎你身上有相对立的两个人格：一部分的你是温暖的，富有同情心和团队精神，用镜像神经元映射着朋友的苦难；而另一部分的你野心勃勃，一直在拼命向上爬。

如果一个人比周围的人都更加正义，
他自己就可以构成大多数了。

——亨利·大卫·梭罗，《论公民的不服从》（*Civil Disobedience*）

这与睾酮有关，还有其他很多现象也都与睾酮有关。这种激素被认为是男性好斗行为的主要原因。从13岁左右开始产生睾丸激素的那一刻起，男性彼此之间的竞争就开始了。小伙子们年轻气盛，互不相让，打架、争吵、生气、沮丧和自夸都会对家庭或工作造成影响。

为什么会有青春期？如果没有它，难道世界不会和平得多吗？它的存在仅仅是为了让每个人的生活都变得更加困难吗？不，其实它最终让生活变得更加简单了。

随着镜像神经元的进化，产生了一个问题，那就是如何处理随之而来的神经噪声。如果每个人的大脑都能同样地映射出其他人的想法，那么每个人的想法就会和其他人一模一样。每个人的大脑都会充斥着来自四面八方的同理电波，因为每个人都与其他人联系在一起，这样就会出现一种混乱的场面。

进化所提供的解决方案是保证地位等级的存在。团队中有人充当信息的主要接收者和发出者，其他人的地位在其之下。这是一种更加高效的机制，它解释了团队合作的卓越之处，即整个团队一心一意地专注于一项任务。每个人在团队中各有分工，各司其职。

睾酮有助于确定地位等级。

在竞争者们之间的战斗开始之前，他们血液中的睾酮水平会上升。决出胜负之后，胜利者的睾酮水平会进一步上升，而失败者的睾酮水平则会下降。

在猴子群体中，睾酮水平准确地反映了地位的高低：睾酮水平高的猴子高高在上，睾酮水平低的猴子则位于地位金字塔的底层。

在为了争夺地位而经常爆发战争的群体中，位于顶层的和位于底层的睾酮水平会有很大差别，但在更稳定的群体中，不再需要通过睾酮水平来调节等级次序，整个群体的睾酮水平也更稳定。

好好先生总是最后一名。

据记载，我们的近亲类人猿和黑猩猩拥有稳定的社会结构。雄性的等级次序已经规范化，只有当这种次序变化出现争议时，才会发生攻击行为。这些争斗可能非常激烈，但很少会危及生命，通常是一种仪式化的形式。真正具有攻击性的行为在捕猎或与邻居打斗时才会发生。

重压之下的上班族所使用的手势就是从黑猩猩那里继承来的，但现在已经退化为象征性的举动：一根竖起的手指取代了挥舞的棍棒，夸张的微笑取代了撕咬，把圆珠笔摔到桌子上取代了把一棵树连根拔起并扔出很远，讽刺取代了长矛。

是的，工作场所也会发生暴力行为。1995 年，美国工作场所暴力研究所做了一项调查，发现“每个工作日，大约有 16400 人受到威胁，723 人受到攻击，43800 人受到骚扰”。1996 年，盖洛普公司在美国进行的一项电话调查发现，在他们所采访的 1000 名成年人中，25% 的人表示“常常在工作中情绪失控，至少是愤怒”（《环球邮报》，1999 年 8 月 23 日）。

在黑猩猩群体中，等级最高的是占统治地位的雄性黑猩猩。其他的雄性黑猩猩都臣服于它，它在选择雌性黑猩猩时享有优先权。在华尔街的金融机构里，具有这种地位的人被称为“老大”。在美国，最有权势的男性是总统，总统的手语表达是将大拇指从两根手指中间伸出来。

在老大之下，这种等级次序一直向下延伸。位于底层的那个人不得不讨好每一个人，他就是那位好好先生。

最后一名不会有好结果。

当能人[1]（*Homo habilis*）发生口角时，失败者可以把怒气发泄到树上、石头上或路过的山羊身上。但是办公室里的上班族要受到更多束缚，毕竟，如果把怒气发泄在办公室的家具上，就会收到一份维修账单。于是，失败者不得不把怒火闷在心里，

1　能人，迄今所知最早能制造石器的人属成员，主要发现于非洲大陆，距今两百万年左右。

而这是一个很大的问题。

好好先生今天心情很糟糕，因为他刚刚跟部门主管去开了一个责任追究会。这是一次“创伤性的经历”，但是好好先生身上并没有伤痕，因为这是一场没有硝烟的战争。虽然在会上，老板似乎恨不得把好好先生踩在地板上碾压，但是整个过程中，他就坐在那里，一动不动，从头到尾都面带微笑，甚至微笑得太多了。

其实老板很不开心，但现在是21世纪，他不会把档案柜扔到好好先生的头上，只是在询问项目的设计规格；他没有朝好好先生扔办公室里的盆栽，而是责问预算超支的情况；在好好先生离开时，他并没有跳到桌子上，一边咆哮，一边捶胸顿足，只是提到好好先生穿棕色鞋子配黑色裤子，显得不够专业。

好好先生也没有任何动作，但是恐惧中枢杏仁核正在高速运转，识别出了可以追溯到好几万年以前的信号。好好先生做出的反应也是一样，自旧石器时代以来没有改变过：杏仁核使内分泌系统分泌应激激素，如肾上腺素，导致血液从皮肤流向心脏和肌肉，导致消化停止，心率增加，让他集中注意力，做好准备，躲避飞来的档案柜。因此，当好好先生坐在那里听老板责备时，他明显面色苍白，心跳加速，眼睛瞪大，瞳孔扩散，并且低着头，动作小而缓慢，一语不发，没有眼神交流，这种状态连老鼠都能一目了然。

如果这种情况经常发生，激素对好好先生身体的影响将是永久性的。如果他长期处于紧张状态，那么体内的食物将无法被好好消化，血管将被脂肪堵塞，他将面临患上高血压和心脏病的风险，产生的高血糖还可能引发糖尿病。他可能会患上与焦虑有关的过敏、失眠，还会对家人表现出情绪化行为和攻击性行为。他的大脑会改变形状，海马体会萎缩。可见，好好先生要么变得脾气暴躁，要么悲惨地结束生命。

或者他可以离开这家公司，这将是一个令人遗憾的结果。因为对于团队的成功而言，好好先生和老大一样重要，必须要有人处于团队的最底层。老板应该意识到这一点，并善待好好先生。如果他离开了，就会引发一场争斗，以决定谁来继承他位于底层的角色。每一次人事变动都会引发新一轮的竞争，而这对每个人的内分泌系统都非常有害。

并非所有的组织都是战场。我们不应该忘记，在大多数组织中，等级次序是稳定的，睾酮水平很低，气氛也很和谐。这在很大程度上是因为有一位好好先生接受了自己的角色——在一个足够宜居的池塘里，甘当一条小鱼。

每一个成功的团队都需要有自己的“林戈”。

林戈法则得名于披头士乐队里和善的好好先生——鼓手林

戈·斯塔尔。林戈是个可爱的小伙子，但他并不那么有用，而且长得也不帅。他不太会唱歌，甚至鼓打得也不怎么好。披头士乐队的很多歌迷都感到纳闷，乐队为什么不把他打发走，找一个真正优秀的鼓手，毕竟优秀的鼓手有那么多。

那么如果乐队用一个才华出众的家伙取代林戈，又会发生什么呢？假如这个家伙能写会唱，跳舞像舞蹈家一样好，而且还拥有一个经济学博士学位，那么他肯定会努力争夺更高的地位，而披头士乐队也会在不到一年的时间里分崩离析。林戈就是那位不可或缺的好好先生，他心甘情愿地在披头士四人组中排名第四。

有一则农场故事也说明了这个道理。有位朋友养了四只母鸡，它们的等级次序很清楚，“胖贝蒂”地位最高，“咯咯叫”处于底层。它们每天总共要下三个蛋，但是“咯咯叫”经常无法完成自己的份额。后来朋友放弃“咯咯叫”，养了一只争强好胜且下蛋也多的母鸡。为了奋力往上爬，这只争强好胜的母鸡一来就发起了争斗。结果是这群鸡每天只能下两个蛋。

管理和墨菲定律

现代企业里，中层管理者的任务是确保部门正常运行，让成员和谐相处，如果老板愿意，他们还要定义每个人的分工。

但是如果让这位管理者在充满变化的环境中保持部门稳定，这将是一项吃力不讨好的任务。

在丛林中，黑猩猩部落保持着相当稳定的状态。每只黑猩猩都认识其他的黑猩猩，而且从出生就是如此，它们都是近亲，家族的等级次序十分明确。但是在现代工业社会，情况并非如此。公司会扩张和缩小，在此过程中，会冒出新的部门，建立属于自己的等级次序，然后又迅速瓦解。在合并和瓦解的过程中，甚至会出现全新的公司。新公司形成，然后又分解。每个新出现的办公室或者部门，都必须从头开始雇用新的团队。完全陌生的一群人必须建立新的等级次序，而这并不一定是自上而下强加的。

在这样一个模糊不清的环境中，墨菲定律如鱼得水。

在等级制度中，
每一个成员都往往会晋升到他无法胜任的职位。

——劳伦斯·彼得，《彼得原理》，1969年

彼得原理很容易理解：一位经理工作出色，所以就会步步高升，直至被提拔到一个无法胜任的职位。高级经理注意到他表现不佳，就不再提拔了。这样的最终结果就是，每一个重要的岗位都是由不能胜任的人来担任的。

不确定时，含糊其词；有麻烦时，委派代表；
掌握权力时，仔细思考。

——詹姆斯·博伦[1]

这是中层管理者的座右铭。对于经常被夹在中间左右为难的他们来说，唯一的愿望就是存活下来。高级管理层希望他们既果断专一，又稳健灵活；既坚持原则，又轻松随和；既要降低成本、加快生产，又要保证质量。中层管理者下面的人则只要懂行就够了。南非一项关于最受中层管理者赞赏的品质的调查表明，一线管理者看重的是专业技术知识，而主管则更青睐人际交往技巧。作为中层管理者，你会左右为难，因此含糊其词是唯一的出路。

对于随波逐流的管理者来说，企业文化就是救生筏。

只要有足够的信息，任何人都能做出决定；
好的管理者能够在没有足够信息的情况下做出决定；
而完美的管理者能够在一无所知的情况下做出决定。

——阿瑟·布洛赫

完美的管理者能够在一无所知的情况下做出决定，是因为

1　詹姆斯·博伦（James Boren，1925—2010），美国讽刺作家。

他本能地了解公司文化，而信息只会阻碍他的判断。他的一切行为都是为了维持现状，即使现状早已经发生了变化。他的决定将是完美无瑕的，不受丑陋现实的玷污。他会赢得领导的赞扬和下属的爱戴，并会把公司带入缓冲区。

> 在《不确定的时代》（*The Age of Uncertainty*）一书中，经济学家J.K. 加尔布雷斯用类似的措辞描述了第一次世界大战前英国军队的衰落。导致这种糟糕后果的不是士兵们的错误，而是数十年来英国军官指挥能力的下降——士兵们是一群“驴子领导下的狮子”。在19世纪末相对和平的时期，大英帝国提拔军人时所依据的不是军事才能，而是看谁能正确地表达民族自豪感。只要对英国的外交政策持批评态度，无论你多么能干，也不会得到重用；而那些善于赞扬帝国文化的将领无论能力多差，总能飞黄腾达。此外，无能的将领肯定会提拔那些不会让他难堪的下级军官，换句话说，青睐那些更无能的下属，而这些下属也会以同样的方式任用下属。就这样，从最底层到最高层，全军上下尽是些无能之辈。人们一直没有觉察到这些人的无能，直到与德国交战时，突然要求他们做出严肃的军事决定，他们才露馅了。此时，对于战壕里的英军士兵来说，一切都为时已晚。

墨菲定律和领地

早期人类有明确的领地划分。任何敌对部落靠近边界，一定会引发冲突。如今，当后旧石器时代的人类在水泥丛林中游荡时，他们已经分不清自己究竟属于哪个部落，也不知道边界究竟在哪里。人类进化的速度还不够快，不足以应对这个美丽的新世界。

在《Liff的意义》[1]（*The Meaning of Liff*）一书中，道格拉斯·亚当斯和约翰·劳埃德给出了一个例子，描述了走廊里相遇时可能发生的各种情况。

走廊是一项新发明，在走廊与人相遇意味着迎面走向他们。在旧石器时代的人眼中，这是具有威胁性的。从人们旁边经过意味着侵入了他们的私人空间，旧石器时代的人认为这是一种挑衅。来人是敌是友？如果有人侵入领地，那必有一战。亚当斯和劳埃德用几个新造词语概括了在公司走廊里演化出的奇怪礼仪：

主动回避（Corriearklet）。两个人从一条长廊的两

1　Liff原本是苏格兰一个小镇的名字，两位作者给了它一个新的含义：尚无词汇与之对应的某种常见物体或者某种普遍性体验。

端迎面相遇，认出对方，但立即假装没有认出来。这样做是为了避免一种可怕的尴尬——在走过长廊的整个过程中都不得不保持认出对方的那种尴尬。

貌似突然（Corriedoo）。在漫长的走廊相遇过程中，假装刚认出对方。虽然两个人都非常清楚对方正在靠近，但他们必须假装刚认出对方。现在，他们抬起头来，脸上带着木然的微笑，仿佛是刚看到对方，并为此感到特别高兴，拖着腔调说："你——好——呀！"却仿佛在说："哎哟！怎么是你！怎么在这里遇到了！怎么遇到你了！真没想到！"

机械应对（Corrievorrie）。按照走廊礼仪，一旦宣告已经认出对方，双方就必须用一种尴尬的"机械行为"来丰富他们的相遇，包括挥手、咧嘴笑、做鬼脸，在笑容渐渐从各自的脸上消失时，一边看着对方，一边左右晃动脑袋，直到终于擦肩而过，才长舒一口气。

假装不理（Corriecravie）。为了避免上述的那种可怕情景，通常会使用这一招，虽然有点儿懦弱，但其实技艺高超。双方一边在不断靠近，一边装出一副没有注意到对方的样子，要么死死地盯着自己的脚，要么装模作样地看着笔记本，或者非常生气地紧盯着墙壁。

技巧穿帮（Corriemoillie）。在一条长长的走廊上，双方立即意识到他们过早地认出了对方，因为两人之间仍然有不到30米的距离，此时他们会产生心里一沉的可怕感觉。如果假装没有注意到对方，会很尴尬，于是就决定假装刚认出对方，因为不这样做就会让他们显得很傻。其实这样做是错误的，因为各种修饰动作会让他们显得更傻。

无事生非（Corriemuchloch）。这个词描述的是那种能把一件简单的事情（比如走过一条走廊）搞砸的人。

许多法庭案件都是由愤怒的邻居们提起的，为了反对分界围栏的微小改动，他们宁愿让自己因昂贵的律师费而破产。2003年，乔治·威尔逊在位于林肯市的家门口被邻居枪杀，此前他们一直在为前院之间的女贞树篱争执不休。保护地盘的本能被完整地从祖先那里遗传了下来。就进化的这一方面而言，我们还没有走出丛林。

她那一堆东西乱七八糟，他这一堆东西井井有条。

即使在家庭环境里，也都画满了领地的模糊界限。但是这个界限不能简单划分，我们不能像动画片里那样，在房子中间画一条线，他使用炉子、桌子和沙发的右半边，看电视的右半部分，而左侧区域都属于她。但是房间里的确有一条无形的界线，他认为这边是他的地盘，她则容不得别人触碰她的东西。书房、假山、商务汽车是他的，厨房、花圃、轻便小汽车是她的。他看着她桌子上的零零碎碎，完全无法理解，而她也同样对他那堆无用之物感到头疼。每个人都能看到自己那一堆杂物的重要性，而对别人的那一堆不屑一顾。

公司内部和外部也同样有一条模糊的界线。企业发展需要不断扩张其经营领地的范围，甚至超出通常的经营边界。很多公司将专利和版权法的解释延伸到极致，以扩大地盘，并防止被人侵犯。比如：

伦敦著名的哈罗德百货公司曾派一个律师团到地球的另一端，去起诉新西兰的一位哈罗德先生，因为他开了一家名叫“哈罗德商店”的杂货铺。

迈克·罗（Mike Rowe）先生创立了一家计算机软件公司，为其命名为迈克·罗软件公司（Mike Rowe Soft）。有一天他收到了法院的传票，因为他的公司与微软公司的名字Microsoft读音相同。

如果你以某种特殊方式挥动手臂，那可能会与英国的足球明星阿兰·希勒发生冲突，因为他已经注册了他那标志性进球动作的专利。

在好莱坞，迪士尼电影制片厂用于电影制作的大楼只有版权部门办公楼的一半大。非迪士尼动画场景中出现的每一个老鼠角色都会被版权部门的工作人员仔细审查，看它是否侵犯了米老鼠的版权。

这里还有一个案例：两家公司宣布“占用”同一种水果。

1975年，史蒂夫·乔布斯在加利福尼亚州创办了苹果电脑公司，公司迅速地向东扩张。

与此同时，在英国，披头士也投资创立了一家名为苹果的唱片公司。之所以叫这个名字，是因为“苹果公司”的英文 Apple Corps 和“苹果核”的英文 Apple Core 发音相似，而约翰·列侬很喜欢这个双关语。

当两家公司都在向大西洋彼岸扩张时，他们意识到，这两个名字可能会出现冲突。消费者可能买了一台电脑，以为它能播放摇滚乐，或者买一张唱片，以为能够用它来算账。几次商讨之后，他们达成了一项协议：史蒂夫·乔布斯承诺，只要披头士不进军计算机领域，他就不做音乐。如此一来，两家公司将能够和平共存，就像优秀的嬉皮士应该做的那样。

事实上，史蒂夫·乔布斯很快就发现他想用声音作为计算机的提示音，其中一款提示音就是和弦。在法律意义上，这算是音乐吗？为了解决这一问题，公司曾召开过几次会议。最后，乔布斯没有管那么多，直接发布了这种提示音，而且至今仍在使用，它名叫“sosumi”，和英语里的“来起诉我呀”（So, sue me!）同音。但是披头士并没有起诉。

语言障碍

使用一种只有小圈子里的朋友才能理解的秘密语言，会创造出一种“语言领地”。只有在领地边界之内的人才是这个群体的成员。

牛顿故意用拉丁文写作了他的《自然哲学的数学原理》，目的是让大多数人根本就没有机会批评它。11 世纪著名的阿拉伯科学家格伯因为担心受到迫害而用一种暗码来写作，今天英语里表示“胡言乱语”的 gibberish 一词就源自他的名字。现代的医生也遵循同样原则，用拉丁语使简单的病症听起来很复杂。如果你告诉医生说你的背不好，他会诊断说你患了“lumbago”，这个单词是表示“腰疼”的拉丁语。

公司内部也会以同样的方式使用一种混杂语言。晦涩的语言可以激发听者的谦逊，让他们感到自己还有很多东西要学。正如利奥·罗斯滕和约翰·皮尔斯在《1001条逻辑法则》

（*1001 Logistical Laws*）中指出的那样：大多数人把复杂误认为深奥。

墨菲定律与服从

每个群体只有一个人处于顶层，他将告诉下面的人他自己是怎么想的；而下层的人会纷纷表示认同，不管他们自己一分钟之前是怎么想的。

温顺的人可以继承土地，却不能继承土地的矿权。

——这句话出自亿万富翁保罗·盖蒂，美国最大的石油巨头。
他就是一个会说出这种话的人，不是吗？

如果温顺的人要继承任何东西，那么他们必须准备好为自己的温顺而战。但他们不会战斗，因为知道自己的位置。他们会听命于人。

1963年，美国社会心理学家斯坦利·米尔格拉姆在一项将心理学研究的伦理道德延伸至极限的实验中，揭示了“服从”令人吃惊的一面。

实验人员要求受试者帮助完成一项关于惩罚对学习的影响的

调查。受试者分成两组，一边被随机指定为老师，另一边则充当学生。学生被带到隔壁的房间，手臂连接在一个可以施加电击的设备上，老师可以透过玻璃窗看到学生。在老师面前有一个施加电击的按钮，还有一个可以用来增加电压的刻度盘。刻度盘上电压的范围在15~450伏之间，旁边标注着表示电击程度的文字，从"轻度电击"到"重度电击"再到"危险，严重电击"，最后一个标注的是"XXX"字样。学生的任务是把一些卡片进行分类，如果有谁分错，实验人员就会命令对应的老师施加电击，并且每次的电压都要比上一次增加15伏。

实验开始了。老师一次次地进行电击，每次都把电压调大，让学生越来越痛苦。其实，这些学生实际上只是假装的受试者，一切都是假的，学生们并没有受到任何电击，而是根据隐藏在角落里的信号灯做出相应表演。但老师们并不知道这种情况，而是一次次增加电压，直到学生看起来像是被击晕了。这时，实验人员示意再次增加电压并实施电击，而老师们竟然服从了。所有的老师都继续电击，电压已经高达315伏。这时，学生尖叫着要求停下来，但是有三分之二的老师继续把电压提高到了"XXX"。

在整个实验过程中，老师们都表现出极大的痛苦。他们会用言语攻击实验人员，会浑身发抖，汗流浃背，但还是服从了。白色实验服所赋予的权力从来没有被揭示得如此淋漓尽致。

枪打出头鸟。

怎样才能确保每一个人都恪守本分呢？谁在用枪打出头的鸟儿呢？也许每个人都会这样做，无论我们自己是怎么想的。

1973年，美国心理学家菲利浦·津巴多和其他一些心理学家建立了一个模拟监狱，最后找出了答案。

24名情绪稳定、身体健康、性格普通的志愿者加入这一实验中，他们来自全美各地。志愿者们被随机分为囚犯和看守，开始了为期两周的监狱生活。囚犯在入狱前的准备工作就和真正的囚犯一样：裸体检查，清除虱子，穿上囚服。他们没有被剃光头，而是在头上套了一个尼龙袜。

这12名囚犯被带到牢房，看守正在那里等待。虐待似乎就立刻开始了。看守们起初还有些犹豫，但他们慢慢地越来越乐在其中，开始按计划羞辱囚犯。

惩罚很快变得越来越频繁，也越来越有想象力，这使原计划进行两周的实验到了第六天就不得不叫停。后来，许多看守描述了行使权力时所获得的快感，他们常会被自己之前的残忍吓到。尽管一开始，他们都是为了实验而表演，根据他们认知中监狱的样子来扮演角色，但当假戏真做时，旧石器时代的本性就暴露出来了。

1 个人说了愚蠢的话，他是愚蠢的；
5 个人说了愚蠢的话，他们是愚蠢的；
5000 个人说了愚蠢的话，你才是愚蠢的。

就像撒切尔夫人多年前所说的那样，在众人面前，能够坚持己见是一件很困难的事情。

20世纪50年代，所罗门·阿希做了几次实验，发现了这样做到底有多困难。

每个志愿者都被告知，他是11名受试者中的一员，要判断3条线段中哪一条与标准线长度相同。他和另外10人进入一个房间，以为这些人和他自己一样，但实际上那些都是假装的受试者。这位志愿者被排在了最后，所以他最后一个做出评判。起初大家意见都很一致，但是在收到秘密的信号之后，10位假装受试者全部选择了错误的线段。现在轮到这位真正的志愿者了，他迟疑片刻后做出了和其他人同样的选择。整个实验期间，这种被操纵的投票一共进行了12次，在50名受试的志愿者中，75%的人至少有一次违背了自己的判断，甚至有一个人在12次中有11次是这样做的。可以想象，这个人在公司里会和其他人相处得多么融洽。

在等级制度中，工资的多少与工作的不愉快程度成反比。

——阿瑟·布洛赫

这条令人震惊的定律拥有充分的科学依据。根据1957年利昂·费斯廷格[1]的认知失调（cognitive dissonance）理论，如果一个人发现自己持有两种相互矛盾的想法，他们会尽一切努力来减少由此产生的“失调”。如果有必要的话，这种努力还包括稍微改变自己的信仰体系。

在一项著名的实验中，14名大学生被要求做一些极其枯燥和机械的工作，然后分别得到20美元或1美元作为报酬。谁的工作满意度更高呢？你可能会认为是那些得到报酬最多的人，但结果恰恰相反。和得到20美元的人相比，那些得到1美元的人工作满意度更高，这完全与人们的直觉相违背。然而认知失调理论揭示了背后的原因：那些发现自己花了一个下午却只得到1美元报酬的可怜学生不会相信自己是被骗了，他们会在潜意识中提高自己所做工作的价值感，这样就能自我感觉良好。

可见，我们都是非常顺从的。那么对于选择领导者这样的复杂事务来说，这意味着什么？民主是如何运作的？丘吉尔说，民

1　利昂·费斯廷格（Leon Festinger，1919—1989），美国社会心理学家，主要研究人的期望、抱负和决策，并用实验方法研究偏见、社会影响等社会心理学问题。

主是“除了其他所有政府形式之外，最糟糕的政府形式”。这一切其实非常直接明了：

民主，就是他们先讲一段你想听的话，
然后让你选择一个独裁者。

——艾伦·科伦[1]

艾伦·科伦试图用这句话描述影响选民投票方式的力量。事实证明，选民的心理非常简单。在华沙的波兰科学院任职的约瑟夫和卡塔吉娜认为选民的心理简单得可怕：和邻居投一样的票。两位学者创立的投票模型基于这样一种观点——至少在某些方面，人类社会非常像一块磁铁。

磁铁中每个铁原子本身就是一块微小的磁铁，有自己的南北两极。当铁受热时，铁原子就会以各种方式向各个方向运动。当铁冷却时，它们会以最简单的方式稳定下来，南极向南，北极向北。这并不是普遍现象，成簇的铁原子最终可能会指向一个方向，而它们的边界区域会出现一片混乱，因为任何一个铁原子的运动方式都会受到旁边铁原子的影响。将这一模型和投票模型对比，两者之间表现出惊人的相似性。人们倾向于跟邻

1　艾伦·科伦（Alan Coren，1938—2007），英国著名讽刺作家。

居投同样的票，事情就这么简单。磁铁上混乱的区域就相当于选举中的“摇摆州”和“边缘选区”。任何曾被对立观点包围时坚持过自己政见的人都知道，这就是现实。

当然也有反对的声音：

真遗憾，所有知道如何治理国家的人都在忙着开出租车或给人理发。

——乔治·伯恩斯[1]

那些知道选举这件事有多么疯狂的人，可能会从事一些让他们以自己的方式继续疯狂的职业，比如开美发店或开出租车。这些小磁铁总是会指向错误的方向。

约翰·列侬说过一句话，可以让那些试图偶尔尝试不同方式的人产生共鸣：计划赶不上变化。

文明和墨菲定律

我们可能会问，既然有那么多猴子能够利用镜像神经元互

1　乔治·伯恩斯（George Burns，1896—1996），美国喜剧演员。

相学习，为什么只有一个分支最终进化成拥有特殊技能的我们呢？毫无疑问，语言发挥了至关重要的作用。语言的发明是智人的重大突破之一。也许这是一个最重要的突破，因为这个模因可以被用来传播其他模因。语言是模因之母。

如果一只猴子想教另一只猴子如何把红薯上的沙子弄掉，它是无法说出来的。它需要真实的沙子、红薯和水，因为它无法处理想象中的红薯和沙子。而我们人类可以用语言来描述各种抽象的问题，还可以通过电话与地球另一端的人联系，共同解决问题。我们甚至能在书中查阅三千年前人们是如何解决这个问题的。清洗完红薯后，我们就可以用语言技巧来进行关于政治、哲学和生存意义的抽象辩论，并在晚上解决费马大定理。

猴子们在一天中做了很多事情，但我们得到了更多快乐。

通过报纸等媒体，我们使用语言模因来分享文化。因此，在作者署名这一栏，我们可以寻找墨菲先生的名字。

你在报纸上读到的每件事都是真实的，
你碰巧亲身经历过的那一件除外。

——欧文·诺尔[1]

1 欧文·诺尔（Erwin Knoll，1931—1994），美国著名媒体人，《进步》（*The Progressive*）杂志编辑。

世界各地的人都把在报纸上读到的东西和新闻混为一谈。

——A.J.列伯林[1]

与其说报纸是真理的传播者，不如说它是模因的传播者。它听到了你想听到的东西，并把这些东西告诉你，只要这样做就可以确保销量。一份报纸如果不跟国家文化或多或少地保持一致，那肯定会面临销量锐减的风险。

比如《每日镜报》（*Daily Mirror*），在2003年3月，它公开反对入侵伊拉克，导致销量一落千丈。为了挽回部分读者，它很快就改变了自己的道德准则。

简单的谎言胜过复杂的真相。

——萨基（Saki），作家赫克托·修·芒罗[2]的笔名

正统说法极其简单，而现实却十分残酷。正统说法偏爱豪言壮语，把小矛盾抛在一边，浩浩荡荡地走向巨大的谬误。

1　A.J.列伯林（A.J. Liebling，1904—1963），美国记者，曾在第二次世界大战期间做过战地记者。

2　赫克托·修·芒罗（Hector Hugh Munro，1870—1916），英国著名作家。

人偶尔会被真相绊倒，但大多数人会爬起来，匆匆离去，就像什么都没发生过一样。

——温斯顿 · 丘吉尔

淹没在豪言壮语中的我们，已经无法确定真相在哪里。也许我们可以通过那些严肃的科学家找到答案，他们穿着让人安心的实验服，处理纯粹的、实证的、可测试的想法。但问题是，许多科学家对简单的真相持怀疑态度，不相信世界上有简单的真相，他们知道人类已经错了很多次，从认为地球是宇宙中心的古代正统科学，到最近关于冷聚变的争议。因此，科学家们喜欢脚踏两只船，甚至到了盲目的程度。例如，反对转基因食品的激进政治团体宣称“转基因食品将导致婴儿畸形和文明的结束”，激进的科学家会说：“目前来自同行审查的研究证据倾向于支持这一假设，但是总的来说……”谁会听他们的呢？

有一点是肯定的，缺乏自信的科学家不会去写历史书。这件事太重要了，怎么能留给追求真相的人去做呢？

历史是人们对过去事件一致认定的说法。

——拿破仑 · 波拿巴

拿破仑的表达也许有点儿谦虚，他所指的“人们”是他自己和他的同僚。毫不奇怪，“人们”一致决定他就是人类的救世主，并在那个时代的大众媒体（绘画和雕刻）上，把他描绘成可以与罗马帝国最伟大皇帝相媲美的英雄：这位英雄身穿帝王紫袍，头戴胜利者的桂冠，骑着一匹华丽的骏马。从本质上而言，历史就是他自己的故事。

历史在很大程度上就是对胜利者的宣传。看看理查三世的污名吧，四百多年来，莎士比亚戏剧的演员们一直在兴高采烈地扮演着这个畸形驼背的角色，而事实上理查三世并不驼背。这是野心勃勃的年轻人托马斯·莫尔的杰作，他奉亨利八世之命写一本关于理查三世的历史书。亨利八世的父亲亨利七世打败并杀死了理查三世，亨利八世想要使他的王位诉求合法化。当莫尔看到理查三世一张坐姿很差的画像时，他知道该怎么做了。他把理查三世描绘成一个身心扭曲的人，于是这一形象就这样流传下来，成为被众人接受的事实。

直到20世纪晚期，英国的历史书还在宣扬英国把“文明”带给印度、南部非洲和远东，一直在强调军队的征服行为纯粹是善举，而英国对印度的统治是巨大的慈善。现在，好莱坞正忙于改写整个地球的历史。从特洛伊到泰坦尼克号，哪里都看起来有点儿像现在的加利福尼亚州。

历史是人们一致接受的版本。但是正如墨菲定律所指出的那样：

所有人都接受的事情肯定是假的。

——保尔·瓦雷里[1]，《如此这般》（*Tel Quel*），1943年

任何广为传播的信仰体系都非常容易被接受，但真理从来就没有这么简单。许多心思敏锐的人都会发现，自己与周围的整个文化格格不入。如果这种格格不入能被接受可就太好了，那样的话，一个民族的文化可以包容不同的精神信仰。例如，有人相信我们人类是附着在一块潮湿岩石上的分子的偶然组合，这块岩石漂浮在无穷无尽的虚无之中；有人则相信，宇宙是六千年前一个坐在云端的大个子送给我们的礼物……

尽管我们在媒体上看到的一切都在说大多数国家能够包容各种各样的信仰，但实际上，仍有太多的国家只能容忍一种信仰体系。

我热爱人性，但是我无法忍受人类。

——这句话出自《花生》漫画中的人物莱纳斯（Linus）之口，它概括了我们所有人在某个时刻都曾有过的想法，或者是某些人一直都有的想法。

对“人性”的讲述必须是一个干脆的事情，在边缘处四舍

1　保尔·瓦雷里（Paul Valery，1871—1945），法国批评家、诗人。

五入，使一切都变得美好而整齐。历史上的国王和王后要么是好人，要么是坏人，不会有些好有些坏。国家最聪明的人被选为总统，公司的领导令人敬重、为人大方，警察很诚实，法官很公正……

但是千万不要靠近去观察。正如德国的“铁血宰相”俾斯麦所说：“那些尊重法律和喜欢吃香肠的人，千万不要去看法律的制定过程，或者香肠的生产流程。”

小结：人群是墨菲定律的“重灾区”

本章从大脑的一个简单结构——镜像神经元开始讲起。一切都起源于此。

镜像神经元创造了模因，模因创造了我们的文化，我们依靠文化规范来告诉自己应该如何思考。不管怎样，我们似乎被部落、宗族、家庭、朋友、教会或国家包围着。

或许你想逃跑，但是墨菲定律已经把你包围起来。

你无法获胜，

你无法打成平手，

你甚至无法退出比赛。

——艾伦·金斯伯格[1]

弗里曼是这样评论金斯伯格这句话的：“每一种试图使生活变得更有意义的重大理论，都建立在对金斯伯格定理的部分否定之上。”

或许又不是这样。

佛教僧人说自己能够体验到内在满足感，而坐在格子间里的上班族认为这是一个比牙仙更不可信的神话。事实证明这种满足感真实存在，为了找到答案，宾夕法尼亚大学放射科医生安德鲁·纽伯格用单光子发射计算机断层扫描技术对一位冥想中的僧人做了脑部扫描。一方面，这是一项具有里程碑意义的事件。毕竟，被推进光子探测阵列的中央，并被告知在到达超验高潮的那一刻，会向大脑注入放射性示踪剂，还有什么比这更不利于冥想的呢？另一方面，如果说有人能够在这种情况下冥想，那也就是僧人了，而他也的确做到了。

研究结果清楚地显示了冥想时大脑运作的不同。

1　艾伦·金斯伯格（Allen Ginsberg，1926—1997），美国诗人。

与专注和积极情绪相联系的左侧前额叶变得更加活跃，与方向和定位相联系的顶叶皮层活动减少。所以下次当你面对一个快乐之人发自内心的从容微笑时，要抵制住把他们摔倒在地、试图帮助他们找到内心痛苦的诱惑，他们真的是快乐的。

笑的人才能坚持到最后。

Chapter 7
人为什么会一错再错?

现在，我们来总结一下本书已经讲过的部分，看看你在遇到陌生情况时，是不是按照以下流程采取行动的：

首先，你会了解一下面前物体的形状、声音、颜色和气味。

之后，你从记忆中搜索与这些形状和声音等相符合的物体。

接着，你把这个独立事件和其他事件联系起来，形成一个连贯的故事。

然后，你会形成一种与故事场景相一致的情绪，对自己看到的东西产生恐惧、爱或恨的感觉。

最后，你把所有事情都放到社会环境中，思考哪一种反应会被社会接受，并据此采取相应的行动。

遗憾的是，很多时候事情发生的顺序完全颠倒了过来。如果顺序是正确的，下面的悲剧就不会发生。

1999 年 9 月 2 日晚，来自哈克尼区的 46 岁男子哈利·斯坦利在伦敦东区被武装警察击毙。当时，他正从一家酒吧出来，准备走回家，手里拎着一个塑料袋，里面装着一条桌子腿。结果，他因为这条桌子腿被伦敦警察厅 SO19 枪支专家小组的警察击毙。

现在，我们把上面的过程颠倒过来，只有这样，你才能理解此次事件的原因。

首先，就在哈利·斯坦利离开酒吧的同时，警察接到一个匿名报警电话，说有一名携带枪支的爱尔兰人出现，其行进方向恰好跟哈利回家的方向相同。这个电话让警察脑海中产生了一个形象。毕竟，深夜的哈克尼区是一个危险的地方，而爱尔兰人在警察中名声不佳，常被认为是恶棍（这是北爱尔兰动乱时期的记忆遗留）。

警察很容易用一种情绪来渲染脑海中的这个形象：恐惧。当然，他们会因无辜市民的安全受到威胁而感到恐惧，但最主要的，还是为自己的性命担忧。同时，警察还会有一种荣誉感和责任感，为了保护社会安全，要冲到第一线。对爱尔兰的偏见可能为这种复杂情绪增添了更多的意味（事实上，哈利是苏格兰人）。

事情就这样联系起来了。在找到哈利之前，警察的脑海中已经形成了一篇连贯的故事：一个爱尔兰恐怖分子在酒吧里喝了一整夜的酒，现在带着一把藏在塑料袋里的枪准备行凶，所以必须阻止他。而实际情况完全不是这样：哈利是三个孩子的父亲，最近刚做了一次胃部手术，打算明天用这条桌子腿来装一个茶几；他没有喝醉，不是爱尔兰人，对政治不感兴趣，当然也不是杀人犯。

在看到哈利时，警察的记忆是怎样为他们服务的呢？他们看到一根细长的东西藏在一个塑料袋里。与武器训练相关的记忆告诉他们，这个形状就像一支短管霰弹枪——现在“证据确凿”了。

哈利听到有人朝自己大喊，于是转向那声音发出的方向，手里还紧抓住装着桌子腿的袋子。警察看到了什么呢？在调查中，警察说他以为那个“爱尔兰恐怖分子”正准备转身开枪。胃部手术后的哈利可能动作缓慢，或许还弯着腰，这就进一步证实了警察头脑中的先入之见。无论做什么哈利都会被射杀，因为这一结局早已注定。

后来，一位警察检查了袋子。他在审讯中说：“我不得不瞪大眼睛看。”这是一定的。他竭力想看到心里已经准备好要看到的东西：他要找到一把枪，而不是一条桌子腿。如果眼睛继续向他展示“错误”的画面，他一定不知所措。他可能眨了好几次眼，也揉了自己的眼睛。

接下来的章节中会列举很多墨菲定律的相关现象。虽然这些现象都获得了完全合乎理性的解释，但它们依然能够反复证明那条“定律中的定律”——凡是有可能出错的事，终将出错。

Chapter 8
墨菲定律总揽宇宙？

许多年前我就想写一本书来解释墨菲定律，探索日常意外背后纯粹的实证科学。经过多年研究，我发现想做到这一点就需要一些硬核的科学和心理学知识。很多人认为墨菲定律玄之又玄，难以解释，但具有讽刺意味的是，那个最典型的墨菲定律现象，即吐司总是涂黄油的一面朝下落到地上，恰恰是唯一一个我们完全可以用严格的物理知识来解释的现象。在本章中，你还可以自由地应用前面几章中学到的所有知识，既有“杏仁核”和“长期增强”，也有“分子”和“空气动力”。

本章涉及的例子可以用学校学到的常规自然科学来解释，看到连无生命的物体都会带来这么多麻烦，这实在是让人抓狂。在本书的每一页上，我们都能看到万物有灵论、天真科学和幼稚的自我中心主义，而这些就是墨菲定律的三大支柱。

你所在的队列总是移动最慢。

我怀疑在每一家超市里，每一个人都会觉得自己排错了队。事实上，你所在的队列并不总是最慢的。这一点很容易发现：如果你在几个月的时间里随机排队，带上秒表、写字板和一张空白表格来为你这一队和其他队列的移动计时，并在表格里记录时间，你会失望地发现，结果十分平均。大多数人信仰天真科学，不愿意接受这种失望，所以在超市排队的人不会拿着秒表计算时间。当然，另一个原因是，人们去超市只是为了购物。

为什么我们所认为的正好和事实背道而驰呢？为什么我们会觉得自己所在的队列移动最慢呢？首先必须承认，所有的队列都很慢。我们讨厌排队，想到要排队就变得焦虑不安。我们记得自己排过的慢队列，却不记得排过的快队列（或没有排过的慢队列）。这是一个糟糕的统计方式，但我们已经知道，大脑并不热衷于精确性。当慢慢接近收银台时，我们悲观的预测将被事实印证（见后文的“祸不单行”）——我们预料自己所在的队列将是最慢的：瞧，就是最慢的！

如何选择队列呢？这是每个人接近收银台时都在思考的问

题。我们进入搜索模式，眼睛左右扫视，搜寻最佳目标。有人会选择最短的队列，大错特错！这个队列之所以最短，是因为在队列前头有人正重演古老的讨价还价艺术，而排在他后面的人都走掉了。有人会选择快速通道（专供购物少于或等于五件的人使用），大错特错！快速通道的收银员结账最慢。有人会选择最长的队列，认为它如此受欢迎，肯定是有原因的，这显然又是大错特错。

为了你的利益着想，这里有一个公式可以帮助你轻松通过收银台。其中的因素包括：购物的数量、收银员的速度、排队的人数以及他们的心理状况。

首先，根据下列因素评估每个排队者的心理状况（每条打1—10分）：

1. **固执：**质疑商品价格的可能性。

2. **健忘：**在最后一刻想起还有一件东西没买，然后匆匆跑去拿的可能性。

3. **可靠性：**比如，把钱包放在口袋里、放在手提包的最底层，或者干脆落在车里。

4. **友好：**比如，可能是收银员的世交，会花几个小时聊家常。

5. **年龄。**

把所有排队者的得分加起来（用S表示）。

然后，将所有购物篮中的物品总数相加（用X表示）。

接着，将付账的时间考虑进去，付账所花费的时间相当于扫描30件商品，所以用排队的总人数（用N表示）×30。

最后，除以收银员的速度（用Y表示），速度由年龄决定。

完整公式是：（S + X + 30N）/ Y

对所有收银台的所有队列执行上述操作，然后，你需要再算一遍，因为在你刚才计算的时候，所有队列都已经发生了变化。在第二次运算之后，你会觉得这一切真的并不重要，所以索性就加入离你最近的那一队吧。开心点儿。

一个更粗略也更实用的方法是，先把每个队列中购物篮的数量加起来（装满物品的 1 辆购物车相当于 5 个购物篮），然后给每人再加上一个购物篮，这是把支付时间算进来。接下来，就可以根据测算结果，加入你认为最快的队列了。

一旦加入了某个队列，不要因为另一个队列似乎移动得更快而更换。根据墨菲定律，你刚加入那个更快的队列，它马上就会停滞不前，而你刚刚离开的那一队则会飞速前进。

虽然机关算尽，你所在的队列可能仍然不会是最快的，不过它也不会是最慢的，而可能是平均水平。这很无趣，但事实就是如此。

汽车在高速公路上排队的情况是一个特例，因为我们完全能用科学来解释。通常，每条车道上的车辆都会依次向前移动，你肯定会觉得其他车道上车辆的前进速度更快，而你落后了。但是如果在旁边的车上做个记号，你就会发现，从长时间来看，你并没有被它甩在后面。那为什么它看起来前进得更快呢？

当你看到旁边车道上的车辆开始向前移动时，请注意，随着车与车之间距离的拉大，车流也在延长。这意味着20辆车的队列向前移动时，车流会增加到40辆车的长度。因此，在你看来，就像有40辆车驶过一样。然后，这个队列停了下来，轮到你所在的队列前进，但是很快你也要停下来了。实际上你已经超过了那20辆车，但是因为它们现在挤在一起，所以队伍看起来很短。在脑海中，你正在把另一条队列的长度与你自己行进的时间进行比较，这是不对的。其实，另一条队列的司机还认为你前进得更快呢——这下你感觉好一点儿了吧？

在许多排队已经成为家常便饭的地方（如机场），管理人员会努力安抚客人的情绪。心理学家研究发现，当你注意到其他人的队列比你的队列前进更快时，你的沮丧感就会增加。因此，管理部门会确保那些更快的队列（比如那些中转乘客）隐藏在特殊构造的隔板后面。你自己的小队列也被隔离了起来，所以你看不到排完这个队列之后，在下一个房间等着你的巨型长龙。

医院早就意识到病人不喜欢这样的场景：坐在满屋子都是

人的房间里，而且这些人都排在自己前面。所以现在管理人员这样安排：你很快就会被叫到名字，然后穿过几条走廊，继续站在另一个队列里，等你把这个队列排完，还有下一个队列在另一条走廊里等着你。医院称这样会让病人感觉好一些，不过也好不到哪里去，因为没有谁会喜欢看医生的。

当一群人等着进入同一扇门（如在高峰时间乘坐地铁或电梯）时，要采用特殊规则。

在这种情况下，排队规则会被打破（因为虽然有队列，但每个人都认为自己在前面）。研究表明，站在门侧边的人群会移动得更快。所以你要站在门的某一侧，这样很快就会通过。如果你站在正对着门且靠后的位置，那除了抱怨那些从旁边插进来的人之外，就别无办法了。

数学

为什么我们会讨厌数学课呢？我们并非生来就讨厌数学的，人来到这个世界时，就已经具备了处理数字的全套本领。

一项巧妙的实验表明，即使是两周大的婴儿也能数数。婴儿看到一个玩具被放在窗帘后面，如果帘子掀开，出现的是两个玩具，而不是一个，他就会表现出惊讶。科学家是怎么知道的呢？方法是把一个橡胶奶嘴放进婴儿的嘴里，连接到一个压力计上，测量婴儿吮吸奶嘴的频率。当婴儿看到意想不到的画面时，比如，他以为窗帘后面有一个玩具，却看到了两个，吮吸奶嘴的频率就会上升。

婴儿还会表现出对大小和比例的理解。所以你看，数学基础是与生俱来的，但是想掌握基础之外的东西，就需要训练。对于生活在大草原上的人类祖先来说是如此，对于今天生活在科技丛林中的我们来说，情况更是如此。大部分人缺乏这方面的训练，这就给墨菲定律提供了可乘之机。

我们不喜欢冷冰冰的科学，不喜欢死板的数学，于是就赋予它们灵魂和个性。但是想完全理解科学，我们必须控制杏仁核的作用，认识到无生命的世界就是没有生命的。以下的案例揭示了当我们带着旧石器时代的大脑进入塑料时代时，会成为什么样的受害者。

世界上只有四个数字：1、2、3 和许多。

上文确实提到了婴儿会数数，但是不会数太多。随着年龄的增长，婴儿能够很容易地认出 2 个和 3 个的区别，4 件东西也还容易识别，但是再多就有点儿为难了。当遇到6个物体时，他不能马上识别出是6个，而是要一个一个地数。有证据表明，如果没有语言为数字系统提供支撑，即使成年人也很难或根本无法准确数出大的数目。美国著名语言学家本杰明·李·沃尔夫提出，在某种程度上，人们的思维是由语言决定的。如果我们的词汇中没有6或6以上的数字，我们就不能准确地数出这些数字。现代研究者正在形成这样一种理论，我们生来就有两种核心的计数系统，它们完全不依赖语言：一个是小数字系统，能让我们迅速识别出2个、3个或4个物体；另一个是大数字系统，用于判断近似值，即两组物体中，哪一组数量更多。根据这一理论，对于超出这些范围的计算，其准确性取决于我们是否有相应的词语来表达。

对两个亚马逊部落的研究证实了这一点。皮拉哈人（Piraha）有“1”和“2”，“少”和“多”之分，仅此而已，如果数目超过了3个，其计数的准确性会显著下降。蒙杜鲁库人（Munduruku）的语言里有从1到5的数字，但是对于5个以上的物体，他们的计算准确率也会下降。

当然，我们掌握的数词更多，但墨菲定律表明这些数词并不被经常使用。比如，看到米老鼠的形象时，我们不会说“等等，他少了一根手指”，大多数卡通人物都只有3根手指，但我们并没有注意到。花4.99英镑买一瓶葡萄酒时，我们也不会说“这是 4 英镑加上……天哪，差不多是 5 英镑”，而是说“这是 4 英镑多”。

为什么中彩票的事情总是发生在别人身上？

对于这个问题，有两种解答方式。

第一，尽管我们都知道某个人认识的另一个人的朋友今年中了彩票，但我们自己离中奖还遥遥无期。我认识100个买彩票的人，他们每人又有100个买彩票的朋友，而这些朋友又各有100个买彩票的熟人。这样一来，买彩票者的总数就是100 × 100 × 100 = 100万。如果这所有人每周买一次彩票，每年52周，那每年就是52次 × 100万=5200万次，所以即使考虑到有人多次购买的因素，我距离中奖者也不会太远。

第二，中头彩的事情肯定不会发生在你身上。这句话是不是太绝对了呢？英国有 1400 万人买彩票，1700 人中奖后成为百万富翁，简单计算一下，中奖率大约是 1/8200，就相当于在英国，每 8200 个买这本书的读者中，会有一个人写信投诉我。这个概率还是很可观的。

要充分理解这一点，你就必须理解概率，这是人类直觉最大的敌人。我经常看到吸烟者买彩票，他们想的是“每1400万人中就有一个中奖者……有可能是我呀”，可是抽烟时，他们想的是“患肺癌的概率是几千分之一……不可能是我”。显然，在这两方面，数字展现的客观结果对他们都是不利的，但是对金钱和吸烟的沉迷已经让他们丧失了所有逻辑感。

因为彩票号码意味着金钱、地位、权力和过不完的假期，它被注入了一种生命力。我们把这些数字当作奇异的动物，想象它们像一群角马一样在彩票系统中游荡。“如果23这个数字已经有一段时间没有出现，那么它肯定会在本周出现。”我有一位朋友在墙上挂了张图表，在上面标记了全年的中奖数字变化规律，希望能在某周来个大爆发，一举拿下六项大奖。

最后引用美国作家弗兰·勒博维茨的话来结束这一部分：“我已经计算过了，不管你买不买彩票，你中奖的概率都是一样的。”

任何工具掉在地上时，一定会滚到房间里最难够到的角落，在去这个角落的路上，任何掉落的工具都会砸到你的脚趾。

——阿瑟·布洛赫

这是真的，你也知道这是真的，但同时又觉得这不可能是真的，工具同样有可能会滚落到地板中间。数据分析可以表明这一过程的偶然性，但我们宁愿相信工具的奸诈狡猾和橱柜的贪得无厌。杏仁核只把糟糕的记忆储存起来，比如我们趴在柜子下边伸手摸索的经历。

你无法阻止意大利面酱和白衬衫之间的爱情。

如果我对你说“请多想想那些酱汁没有溅到衬衫上的晚宴”，你一定会觉得我很唐突、很失礼。但是你的确忘记了所有成功的晚宴。

只有灾难被记住了。

先浇上红红的酱汁，然后在叉子上旋转，这种吃意大利面的技巧也无助于解决问题。在这个过程中，必然会产生一些附带的损害。在意大利面的发源地，人们在吃意大利面条时会伏在桌子上，从盘子里取面条时小心翼翼，好像它是一颗随时会爆炸的炸弹。意大利人已经学会了对意大利烹饪的尊重。

篝火的浓烟总是会吹到你脸上。

相信万物有灵论的大脑认为烟雾有动机和目的，觉得它一定是冲着我们来的。

事实上，篝火的烟雾飘动时毫无章法，它会让每个人都好好地吸上一口，只是每个不开心的露营者都会认为烟雾是在故意和自己过不去。数学知识应该告诉他们，随机性就是随机性。但是在那个为了逃避烟雾而从一个地方挪到另一个地方的可怜小伙子看来，下一分钟烟雾就会故意转向。

葡萄柚汁总是会喷进你的眼里。

早餐吃葡萄柚时，大多数人的做法是把勺子朝着与自己相反的方向用力挤压。这样，多数溅出来的汁液都会朝着与你相反的方向喷出，眼睛被击中的概率就非常低。

然而你的杏仁核不会这样想，它只知道一滴含有柠檬酸的液体进入眼睛是一个难忘的经历。杏仁核会给记忆增加足够的恐惧，会对你说："小心，这可能会再次发生。还记得上次的疼痛吗？"

当你有急事时，一路都是红灯。

杏仁核又开始发挥作用了。像交通灯这样毫无生命的东西怎么会与你作对呢？但是在这个问题上，杏仁核是有点儿道理的。

城市中的交通灯系统通常是多个路口相协调的，交通管理人员规定汽车的行驶速度不应超过每小时15英里，所以只要你保持低速行驶，交通灯就会神奇地帮助你。我曾在伦敦尤斯顿路上开过车，那里有14组红绿灯，我把速度保持在每小时15英里，结果是一路绿灯。

赶时间的时候，你会飞速行驶，然后在一个红绿灯处紧急刹车，接着再次飞速行驶，开到下一个红绿灯处紧急刹车……

最后，你通过路口的平均速度依然是每小时15英里。于是，你的脑子里满是交通灯的阴谋论。

通常情况下，你遇到红灯的概率是遇到绿灯概率的两倍，这也是事实。现代的十字路口通常会有特殊的转弯信号灯和行人通行信号灯，所以交通信号灯在三分之二的时间里都是红色的。

电梯永远不会停在你这一层。

使用电梯时最让人恼火的一点是，你只能干站在那里，盯着电梯门，等着电梯的到来。

对你来说，测算时间是很困难的，无所事事的30秒就像一个小时那么漫长。在此期间，你会怒火中烧，对电梯进行心理分析，越来越觉得它的设计者不靠谱，还会想象电梯、建筑师和大楼里的其他人勾结起来，不让电梯来接你。

你要耐心一点儿，虽然电梯对你有点儿残忍，但此时它正在善待其他楼层的人。

电梯终于来了。它让你进去，却把你带到完全错误的方向，你想往下走，它偏偏往上走。很好，现在你可以好好地骂它一顿了。

你所遇到的是最简单、最廉价的电梯系统，它向上运行到顶部，在运行过程中搭载乘客，然后再向下，并确保在任何时候，有一半乘客的方向是错误的。

电梯程序员想要满足每一个人的要求，他们也的确在这样做。但是他们要取悦很多人，所以只好把这种快乐平均分配给每一个人。如果一楼比其他楼层有更多的人需要用电梯（大多数建筑都是这种情况），他们在设计时会让电梯更青睐这一层，而这会让其他楼层的人很生气。在有很多部电梯的高层建筑中，电梯控制器的容量会更大。这时就需要进行“分区”：一个电梯在高层盘旋，另一个电梯负责低层，其他电梯则负责中间的楼层。不管电梯做出什么奇怪的动作，你都应该记住：电梯越多，控制器容量越大，电脑比你更清楚怎样对你有利。

也许，在等电梯的时候，你可以试着弄清楚它是利用什么原理运作的，而不是盯着电梯门看。这样，你就会发现时间过得飞快。

天气预报总是错、错、错。

天气预报是混沌理论的大本营。微风可以突然变成大风暴，然后又突然消失，变成一团薄雾，似乎没有任何原因。随着风和云离开大西洋，开始穿越英国和欧洲大陆，它们变得越来越难以预测。混沌理论试图解释无法解释的现象。它以最纯粹的形式表明，世界上所有的天气系统都是相互联系的，而且都是不稳定的。因此，某个地区的轻微变化可能会给另一个地区带来连锁反应。在理论上说，巴塔哥尼亚的一只蝴蝶扇动翅膀，可以引发一系列事件，导致在喜马拉雅山脉出现飓风。

气象局的工作人员要面对很多因素——气流的大小、速度、温度和湿度，这些因素会赋予每一团循环气流不同的特征。当一团循环气流与相邻气流碰撞时，均势就会发生变化，情况就会变得越来越混乱。天气预报员用混沌理论设想了不少于 50 种可能的结果，然后运用数据分析找出最有可能的一种进行预报，但他们很少对确定性做出承诺。耳朵是有选择的，你会听到一些关键词——雨、太阳、云、风……但如果你仔细听关键词之间的内容，就会注意到真正的信息——也许、可能、大致……换句话说，就是“你们猜的，和我猜的差不多”。

统计学家会告诉你，对明天天气最准确的预测是“和今天一样”。

祸不单行。

坏运气背后的数学很简单：它不是三三两两来的，而是像一场绵绵细雨。但就像下文里倒霉的吉姆所发现的那样，与坏运气相关的心理因素更为复杂。高度紧张的记忆可能会持续数周，并以不应该的方式与其他记忆联系在一起。

这里的罪魁祸首是长期增强效应，这是大脑基本的操作系统。吉姆的每个神经元与相邻神经元通过突触相连接，当一条神经信息到达突触时，它会跳到下一个神经元，继续将信息传递下去。然后，神经元会用一段时间做好准备，一旦有一丝重复信号的迹象，它就会再次被激发。记忆是由神经元组成的，神经元之间通过这种长期增强效应相互联系。例如，“香蕉”这个词以神经元的形式被储存在颞叶，颞叶与视觉皮层的一个区域有关，那里有细长的黄色物体的影像。听到“香蕉”这个词时，这个联系就会生成香蕉的画面。

吉姆的坏运气开始了。第一次，他摔断了脚踝，这就会产生一个记忆，其中包括让他摔这一跤的香蕉皮的画面、骨折的嘎吱声、疼痛、医院的气味，等等。整个记忆“挂毯”都充斥着来自杏仁核的情绪色彩：这是个坏消息，令人沮丧，令人羞耻。由于杏仁核的强大影响，这块特殊的神经“挂毯”将持续数周。

第二天，吉姆丢了家门的钥匙。一般来说，新记忆会很快消失，但有些片段（比如坏消息的片段）会与上次摔倒的记忆相重叠，这赋予它额外的持久力。所以两天后，当祖母最喜欢的花瓶从吉姆手里滑落时，这个与“坏运气”相关的记忆就有了两个伙伴。而这三个记忆现在又触发了另一个记忆——祸不单行。于是，祸不单行的信念变成了一个自我实现的预言。因为吉姆相信这个说法，所以每当有灾难发生时，他的大脑就会努力搜寻一场又一场灾难。

公共汽车总是三三两两一起到站。

这次你没有说错，它们确实是三三两两地到站，但它们这样做并不是出于恶意，也不是因为调度室出了问题。

公共汽车每隔一段时间准时离开停车场。第一辆车在第一站接走了许多乘客，这需要时间。与此同时，第二辆公共汽车越来越近了。到第一辆车载客后再次启动时，它们之间的间隔已经缩短了。这意味着留给新乘客们到达这一站的时间变短了，也意味着第二辆公共汽车接他们所用的时间同样缩短了，因此第二辆车比第一辆车出发得更快。在第二站和第三站也是如此，两车之间的间隔不断减小，直到最后，第二辆车赶上了第一辆车。在又长又繁忙的线路上，还可能会有第三辆公共汽车加入它们，这样一来，就会出现本节标题所说的情况。

乘坐公共交通工具时，一条有用的经验法则是“总是乘坐下一辆”。在乘坐伦敦地铁时，这一法则也同样有效：即使在交通高峰期，如果你等下一班地铁，经常会发现里面只坐了一半乘客。

你想去的地方总是位于地图的边缘。

真正相信墨菲定律的人在拿起地图时就会知道，他的目的地肯定就在地图的边缘，而且通常是在边缘的2厘米内。所以你必须翻页，才能查看完整路线。翻页是件麻烦事，所以你很可能会对地图感到愤怒。

一页地图的常见尺寸是 12.5 厘米 ×19 厘米，即 237.5 平方厘米。而距页边 2 厘米范围的总面积达到 120 平方厘米，占整个版面面积的一半以上。所以你要找的目的地位于页面边缘的概率其实很高。只不过，这是和直觉相违背的，但这也正是直觉的问题所在。

物理学

写这一节内容，是为了让你在面对生活中的各种麻烦时更平静些。

洗衣机里所有的衣物最后都跑到了被套里面。

洗衣服时，衣物最后都跑到了被套里面。这背后的原因，也能解释人们为什么要到乡下生活、引言中提到的马尾藻海为什么像一片草原，以及为什么街道上的垃圾会聚到一起。

先来说说洗衣服的事。洗衣机里被套上的拉链通常是敞开的。当袜子在洗衣机里翻滚时，偶尔会碰到那件又大又重的被套。如果袜子误入被套里面，由于那里的湍流[1]比外面小，所以它们移动得更少了，于是可能会留在里面。对于洗衣机中的每一件物品来说，被冲进被套的概率都很高，而从里面出来的概率却很低。每一件新进来的衣物都会把上一件进去的衣物往里推进一点儿，被套就这样被渐渐填满了。

街道上的垃圾也遵循同样的运动模式。碎玻璃、沙砾和石头随着车轮四处跳动，最后跳到汽车轮子无法到达的地方，而这个地方就是路边，是人们骑自行车的地方。

在大西洋强大的洋流中间，有一个叫马尾藻海的地方。由于地理原因，这里没有风，海洋本身也很平静。一些垃圾和杂草被冲到了这里，因为没有洋流再把它们带出去，所以就永远留了下来，静止不动。现在，马尾藻海已经被淤泥堵塞，几乎成为固态的了。

在选择自己的生活区域时，我们会挑一个吵闹程度能够被接受的地方。比如说，当我们受够了城市生活的喧嚣时，就会逃到一个宁静的小村庄。在某种奇怪的意义上，我们就像被冲进被套里的衣物一样。

1　湍流，流体的一种流动状态，当流速增加到很快时出现，这时的流体做不规则运动。

你穿靴子时，没有被固定住的袜子总是会脱落下来。

袜子的后跟随着靴子上下摩擦。朝上摩擦时，它先是伸展开，接着被向下拉。朝下摩擦时，它会留在原处不动。于是，袜子就这样脱落下来。

最适合打水漂的石头距离水边最远。

人们普遍接受的解释是，有人比你先到，已经用光了靠近水边的石头。但是事实并非如此。

适合打水漂的石头都是扁平的，这种形状让它们既有很好的气动力，也有很好的水动力。涨潮时，相对扁平的石头被涌来的潮水冲上岸，而相对较圆的石头则留在了海底。于是退潮时，你最喜欢的石头会被搁浅在刚才的最高潮水线上。

总会有一个茶匙遗漏在洗涤盆里。

茶匙又小又轻，这和洗涤盆里的其他东西都不一样。所以当水在洗涤盆里打转时，茶匙不会待在原地不动，而是会随着水流移动。你以为已经搜查了盆子里的每一个角落，事实上却漏掉了手指前面一英寸的地方。

倒出来的玉米片装不回盒子里。

通常，把玉米片从盒子里倒出来是为了拿到里面的塑料玩具。当你要把玉米片放回去时，却会发现它们好像变大了，根本就装不回去。

真正变大的其实是玉米片之间的空隙。这时你只要摇动盒子，就会使玉米片重新聚集在一起。

一般来说，你不会愿意用力摇晃盒子，因为：

碎末总是会沉到底部。

对于盒装什锦麦片来说，这个现象尤其明显，其原因是什锦麦片的颗粒间存在明显的大小差异。

你往一个新的包装袋里看时，会发现上层有很多坚果和水果干，但是到了包装袋的底部，就只剩下碎末了。你可能认为这是制造商要的花招：在一盒渣滓上加一点儿装饰。有些人试着摇晃盒子，想让碎片分布得更均匀，但这样只会让情况更加糟糕。

小时候科学课上学到的关于漂浮和下沉的知识可能会让我们认为，更大更重的颗粒应该下沉，更小更轻的应该上浮。但这条规则并不适用于此，因为麦片不是液体。其实答案很简单：较大的颗粒周围有较大的缝隙，更小的颗粒会掉到这些缝隙中，所以碎末和小颗粒往往会下沉，大块的则留在表面。把盒子倒过来摇晃一下可以扭转这种趋势，让颗粒分布得更加均匀。

跳向地板的盘子。

一个人感觉很热的时候，会满脸通红，汗流浃背。盘子则更为直接：它们热的时候，会从你的手中跳到地板上。

拿到热盘子时，出于本能，你会把盘子甩出去。如果你的手指被烫到了，你必须迅速做出反应。手指的痛觉感受器传递的信息到达脊椎，然后直接回到手臂，帮助手摆脱困境。直到此时，大脑才会参与进这个过程，但为时已晚，你只能发出一声“哎哟”，向所有人道歉，然后找一块抹布来收拾残局。

回顾整件事情时，大脑的记忆会前后颠倒过来。它认为：拿起盘子，发现它很烫，就把它扔了。而正确的顺序是：刚拿起盘子，就把它扔了，然后才意识到烫。

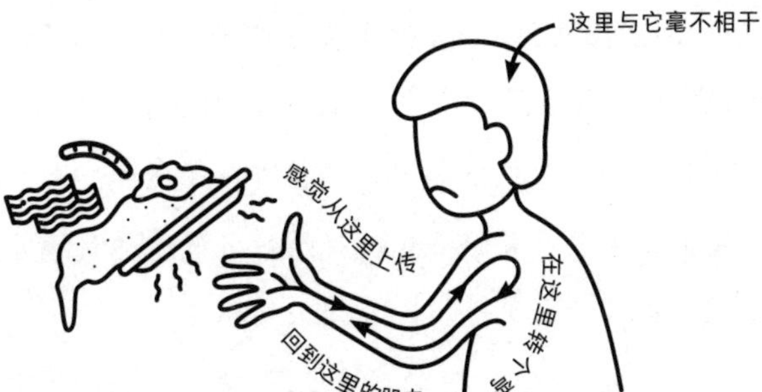

脚趾受伤后需要一段时间才能感知到疼痛。

那一刻时间仿佛停止了，你低头看着刚刚撞到的桌子腿，再看看你刚刚撞到桌子腿上的脚趾，心想“这会很疼”，然后才接收到远处传来的疼痛信号。

为什么要这么久才能感受到疼痛呢？

当脚趾碰到桌腿时，三个不同的神经系统开始发挥作用。把脚收回来的反射来自大型神经纤维，它们能以每秒100米的速度传导脉冲，这些脉冲先传导到脊椎，然后直接抵达腿部肌肉，从而使脚摆脱麻烦。第二组神经以每秒76米的速度向大脑发送信息，告诉你出了问题。但完整的事故报告需要花更长时间，疼痛信号以每秒1米的速度传导，几秒钟后才到达，几分钟后才消失，它让你的大脑充满了情绪色彩。

旧电池总是跟新电池混在一起。

早在公元前6世纪，人们就开始研究电。如果你还记得“现代人”已经存在了一百多万年，就会发现电的历史其实是很短的。到了18世纪，人们认为电是一种神奇的液体。为了证明这一点，他们把电装在莱顿瓶里随身携带，好像随时随地都能把它倒出来一样。

今天的我们并没有进步多少。我们把现代电池想象成莱顿瓶的近亲，电子从电池中流出来，直到电池耗尽。这让我们觉得它在没电以后应该会看起来不一样，至少应该会轻一点儿。也许正因如此，我们才会在更换电池时如此漫不经心：有人会把新电池和旧电池混在一起，有人会很仔细地把它们分成两堆，然后忘记哪一堆是新的，哪一堆是旧的。

卫生纸上的齿孔不匹配。

卫生纸似乎不会出什么问题。但是凡有可能出错的地方，最终都会出错。你看，错误来了：这些齿孔怎么会不匹配呢？

它们其实是匹配的。为了解决这个问题，你可以从纸卷上取一层纸，把它从卷筒上展开，把另一层留下，现在这些齿孔就完全吻合了。

有些超市会收到许多愤怒顾客的投诉，说卫生纸上的齿孔在戏弄自己。为此，不少生产商已经开始在卫生纸的包装上印刷操作指南了。

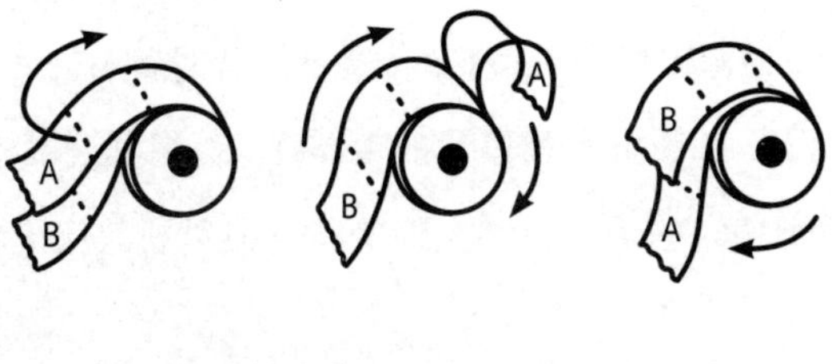

浴室的镜子正好在你要用的时候布满水汽。

水以水分子的形式飘浮在空气中（水蒸气）。水分子是一直存在的，虽然你看不见。因为分子是分散的，移动得非常快，所以当它们碰撞时，会相互弹开，然后朝着不同的方向移动。当热水从水龙头中流出时，空气中就会弥漫着水分子。如果它们遇到凉的东西，比如浴室里的镜子，就会放慢速度。如果两个较慢的分子碰撞，它们不会相互弹开，而是会粘在一起。当数万亿个水分子粘在一起时，会变成肉眼就能够看到的小水滴。镜子上的雾气就是由成千上万个这样的小水滴组成的。

也有办法让镜子不被雾气覆盖：在安装镜子时，可以在镜子和墙壁之间留一点儿空隙，让空气能在镜子后面循环。这样镜子的温度会与室温相同，水蒸气就不会凝结在上面了。

橡皮鸭总是在水龙头下面游来游去。

很多人都觉得，在往浴缸里放水时，漂浮在水龙头附近的东西应该被推开，而不是始终在水龙头下方。可事实并非如此，浴缸里的橡皮鸭子一直都在水龙头下面徘徊着。

这也是一种和直觉相违背的奇怪现象，它被称为伯努利效应，得名于伟大的瑞士科学家伯努利。伯努利效应不仅可以解释橡皮鸭子的问题，还可以解释烟囱和飞机的工作原理，以及为什么宾果球能悬浮在空气喷嘴上方，为什么任意球能弯曲入网，为什么投球手和网球运动员会发旋球。

橡皮鸭子现象。当物体集群移动时，就会分散开。这里的“物体”可以指代一切，比如：车流在高速公路上飞速行驶时会分散开，当遇到限速时又挤成一团；如果把玉米片从包装袋里倒出来，它们就会分散开来。同样，当水分子从水龙头中流出时，它们也会分散开来，在进入浴缸后的一段时间里也保持着分散状态，直到在水面以下慢慢减速。因此，鸭子靠近水流一侧的水分子更加分散，数目更少，对鸭子的压力也更小，而远离水流的一侧压力更大。于是，鸭子会朝着水流的方向移动，而不是远离水流。

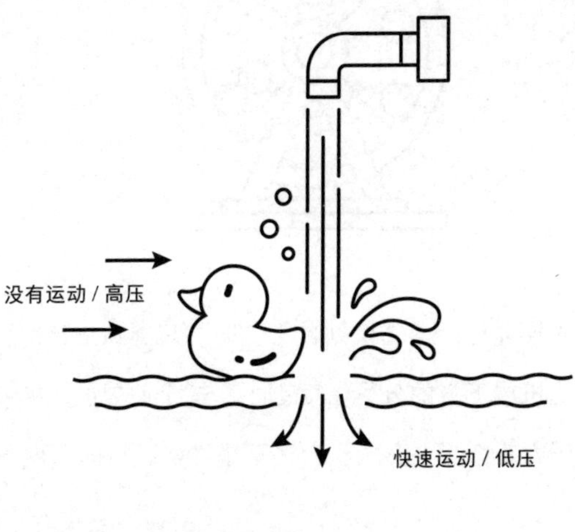

烟囱的工作原理。当空气移动时，其分子也会散开。移动的空气比静止的空气压力小（天气预报员说到某地是“低压地带”时，通常的意思是这个地方会有风）。烟囱之所以能工作，是因为烟囱口上方流动空气的压力比室内空气的压力要低，于是，烟囱里的烟就被室内的高压空气推了出去。

宾果球现象。宾果球是不会离开空气喷嘴的。因为当它到达一定高度时，外部更高的空气压力会把它推回喷嘴附近。

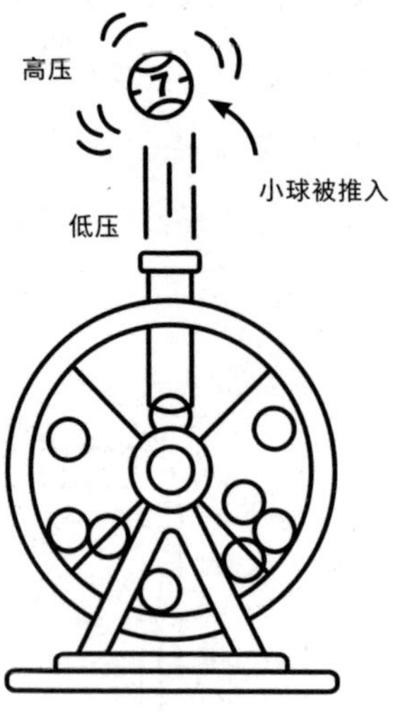

飞机的工作原理。当飞机划过天空时，机翼弧形顶部周围的空气分子一定比机翼下方的分子密度更小。这个简单的事实意味着，机翼上方的压力要小于下方的压力，于是飞机就被向上推。

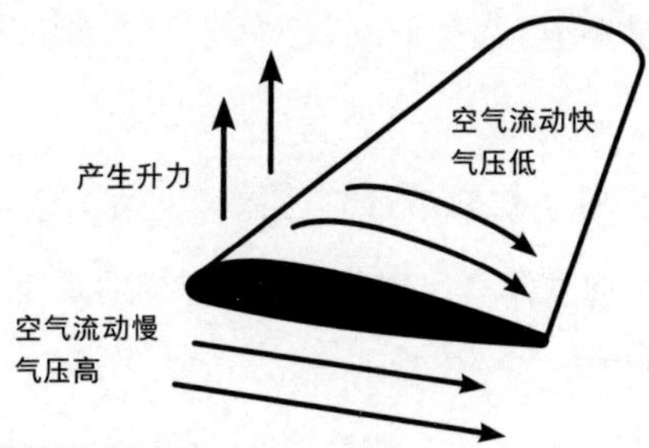

任意球原理。踢任意球时，旋转中的球会曲线前进，这背后的原理很简单。当球朝着目标行进时，随着空气从它旁边呼啸而过，其中一边（假设是左侧）的运动方向与空气相同，另一边（也就是右侧）的运动方向与空气相反。所以左侧的空气会运动得更快，而右侧的空气运动会慢下来。因此，左侧的压力更小，右侧的压力更大，球也就被推向左侧了。

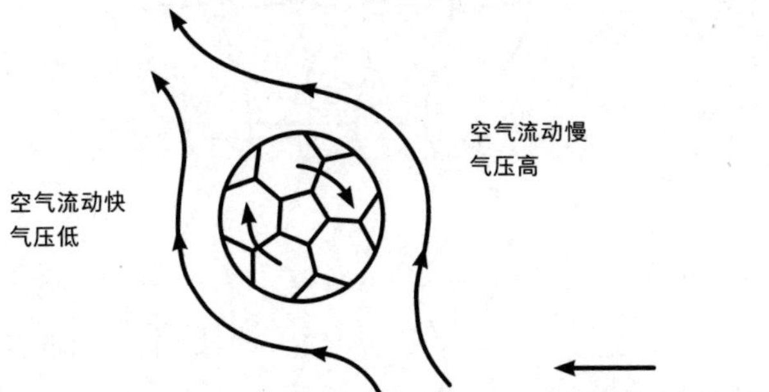

浴帘总是会粘在你身上。

在浴室里淋浴时，塑料浴帘总往你身上粘，这是一定会发生的事情，世界上简直没有比这玩意儿更黏糊的东西了。

这是为什么呢？

解释这个问题要分两步：第一，淋浴用的热水使空气温度升高，升温的空气不断流动，从浴帘顶部跑了出去；第二，快速流动的水和空气降低了浴帘内部的气压，所以外部的空气就会向内移动以填补空间，把浴帘也带了进去。

那么为什么它一粘上你就紧抓着不放呢？请看下文。

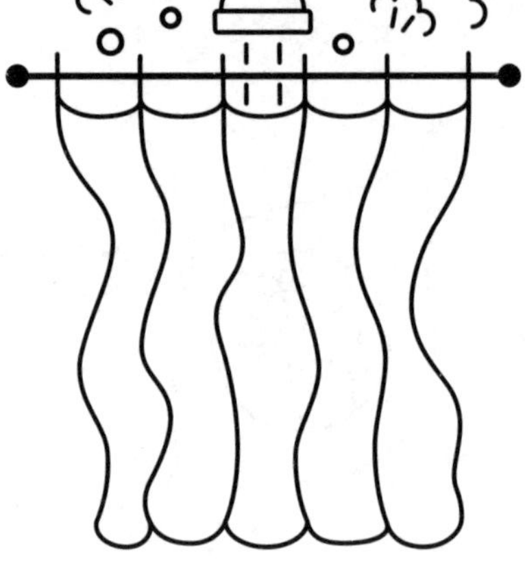

倒饮料的时候，就算你再小心翼翼，还是会洒出来。

这种情况经常发生：你想从玻璃杯中倒一点点饮料出来，饮料到达杯沿并洒出来之后，完全忘记了自己的物理特性，竟顺着你的手臂从肘部滴了下来。是什么造成了这种现象呢？是液体忘记了正确的滴落方式吗？

这个问题的答案也可以用来解释水滴的形成，以及浴帘为什么会粘在身上。水是有黏性的。水分子带有轻微的静电，其中的氧原子略带负电荷，氢原子略带正电荷，因此当两个水分子靠近时，它们往往会聚集到一起，就像塑料梳子能吸附纸屑那样。

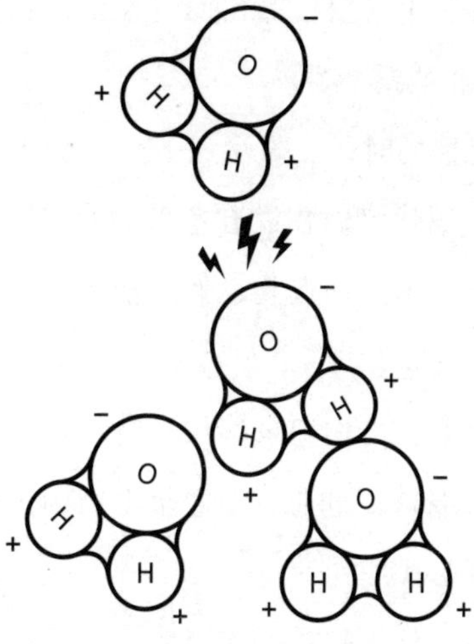

水之所以是液体，原因就在于此。事实上，它本应是一种气体，因为水分子的重量比二氧化碳分子还要轻，使水成为液体的是水分子之间的黏附性。

水分子不仅相互黏附在一起，它们还会粘在其接触到的任何东西上，包括你、浴帘和你用来倒饮料的杯子。如果你倒得很慢，杯子侧面的静电引力会比重力还要大。

让人抓狂的胶带。

如果你想找证据证明这个世界在和你作对，那么没有比一卷透明胶带更合适的例子了：你先从卷轴上拉出一段胶带，接着视线稍微移开，手一松，等你回过神来，就找不到胶带的末端了，不得不手忙脚乱一番。

在你刚才走神的时候，发生了一件“惊人”的事情。为了观察到这件事，我建议你在没有急事的时候做个试验——拿一卷胶带，把末端拉出来一点儿，然后松手，观察它被吸回卷轴的全过程。

胶带上有静电。当你把末端拉开时，会在卷轴上留下一些电子。胶带的末端带正电荷，而卷轴上则因为电子过多而带负电荷，两者互相吸引。

这也解释了为什么长长的一段胶带总是会贴到手臂上，是你身上的静电吸引了它。

吐司掉在地上时总是涂了黄油的那一面朝下。

这是最著名的墨菲定律现象。之所以披挂着“最著名”的光环，是因为它非常不合逻辑。如果你把一枚硬币扔到地上100次，它会50次正面朝下，50次反面朝下。然而当吐司掉到地上时，涂有黄油那一面朝下的概率是100%。面对这一现象，除了认为世界在与你作对之外，还能有什么其他的解释呢？

1983年，英国广播公司（BBC）做了一个实验来检验这一现象：20名志愿者给吐司涂上黄油，然后将其抛到空中，令人吃惊的是，涂黄油那一面朝下落地的概率是50%。难道墨菲定律失效了吗？绝对没有，是BBC犯了个小错误——无论吃早餐的方式有多么古怪、多么疯狂，我们都不会向空中扔吐司的。在实际生活中，通常是你端着盘子时，吐司从盘中滑落下来。它滑落后发生的一切与墨菲定律无关，而是与牛顿定律有很大关系。吐司是从盘子边缘掉下去的，所以它会一边翻转一边下落。根据牛顿第一定律，物体总是保持匀速直线运动状态或静止状态，直到有外力迫使它改变这种状态为止。吐司会继续翻转，直到有东西阻止它，这个东西就是地板。遗憾的是，在接触地板之前，由于下落的距离不够高，它只能旋转半圈，所以总是涂了黄油的一面朝下落地。

解决这一问题的方法很简单，那就是在给吐司涂黄油时踩着高跷，这样它就能在触地之前完整地旋转一圈。

淹死的虫子总是留在玻璃杯靠近你的一侧。

如果你真的相信万物都对你怀有恶意（这是墨菲定律的基础），就会认为眼前的这只虫子已经跟踪你好几天了，一心要破坏你的野餐。也许你是对的，但更有可能的情况是，它被你饮料的味道吸引了过来，因为昆虫的触角上有非常灵敏的嗅觉感受器。

这只虫子可能飞了几百米远的距离来分享你的饮料。因为远道而来，它不会浪费时间，而是径直走向主菜。但它并没有意识到，这是一顿流质午餐。因此，对它来说，这是最后的一餐。当然，虫子并不总是淹死在玻璃杯靠近你的这一侧，但如果你试着旋转杯子，想让虫子移到另一侧，它依然会留在你这边。这是为什么呢？

转动玻璃杯时，你只是在转杯子。根据牛顿第一定律，如果没有外力的作用，静止的物体会保持静止。饮料并没有粘在杯子上，所以当杯子转动时，饮料自身并没有移动。因此，泡在饮料中的虫子也不会移动。

像这样的惯性也可以解释著名的鸡蛋戏法。如果你有两个鸡蛋，一个是生的，另一个是熟的。怎么分辨呢？只要旋转一下鸡蛋就可以了。生鸡蛋会很快停止转动，因为转动的是蛋壳，里面的东西则静止不动。如果是煮熟的鸡蛋，由于整个鸡蛋都是固态的，它会转得更久。

游泳池总是比你想象的要深。

现在，我不会看着游泳池说："嘿，水好像很浅呀。"但曾有一次，这种错觉差点儿要了我的命。那时我 7 岁，第一次在成人泳池里游泳。我先看看水面，觉得不算深，应该会淹到下巴。接着，我小心翼翼地把脚伸进泳池，然后站直，嘴巴刚好露出水面。可当我把手从池边松开时，身体又下沉了一英尺，水淹过了耳朵。这是我第一次意识到，有一些不受控制的力量在起作用。

光速并不是恒定不变的，光通过的任何物质都会使其减速，物质的密度越大，速度就越慢，其速度范围从真空中的每秒 299792458 米（超过 186000 英里）到砖块中的每秒 0 米不等。下图显示了一束光从游泳池底部反射出来的情况。当光从水面出来时，速度会增加，所以在 A 到达 B 的时间里，C 会移动到 D。因此，整个光束会出现弯曲（折射），你的眼睛会看到它从另一个地方出来。当这种情况发生时，你的大脑看到的水底位置就是错的。

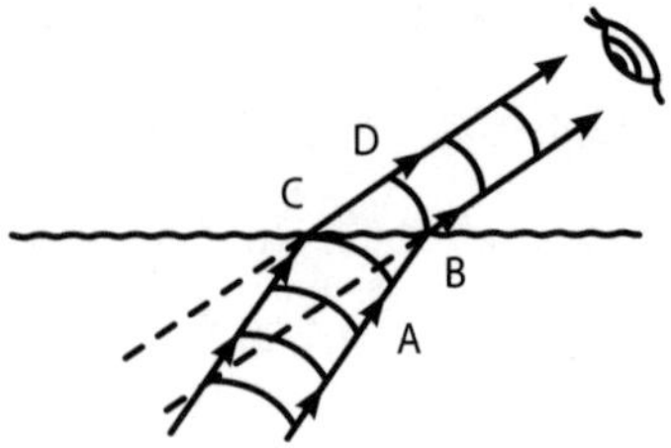

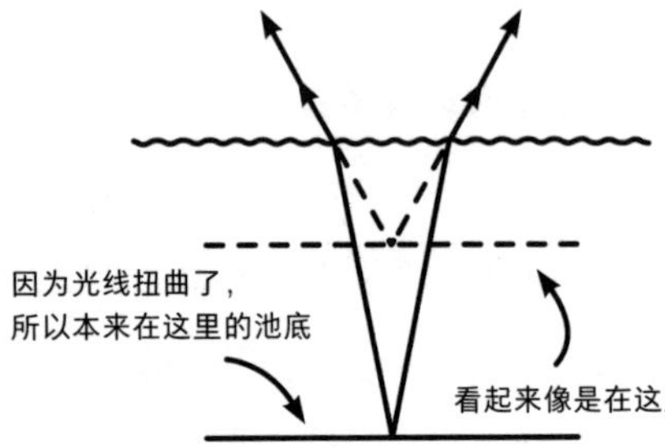

一旦你骑上自行车，所有的路都是上坡，
风会对着你吹，雨会打在你的脸上。

这种错觉凸显了人与生俱来、无法摆脱的自我中心主义。

当蹬车更费力时，我们会认为山路变得更加陡峭了。当然，其实真正的原因是我们累了，但人是不会这么想的。普罗泰戈拉说“人是万物的尺度”，但“人”这个尺度是靠不住的。我们认为自己的力量恒定不变，并以此来衡量整个世界。比如游泳时，我们会觉得当手臂搅动水的时候，水变稠了。真的是水变稠了吗？还是人太过愚蠢，无法理解究竟发生了什么？

风在一个劲儿地对着你吹，这种错觉是自我中心主义的另一个例子。大多数人从小时候就会记得，在一个完全没有风的日子里，当我们乘汽车出发时，不知从哪里会吹来一阵微风。当然，风不是由空气通过汽车产生的，而是由汽车穿过空气产生的。当你骑车穿过空气时，就会觉得有风迎面吹来。

雨水总是打在你脸上，这个现象也可以用相似的逻辑来解释。如果雨点垂直下落，而你骑着自行车向前行驶，那么相对于你，雨就是向后落下的。你在雨中骑行，当然会觉得雨点打在你的脸上。

生物学

昆虫花了一整天从房子里爬出去，
又花了一整夜再爬进来。

昆虫和人类一样是墨菲定律的受害者。

在过去四千年中，人类创造了一个复杂的世界，这使昆虫十分困惑。它们沿用着过去的老办法——逃离黑暗的地方，去寻找光明。两亿年来，这一直是个很好的办法，但现在事情有点儿麻烦，因为人类发明了玻璃，而昆虫还没有进化到能够理解玻璃的程度。随着时间的推移，苍蝇完全有可能通过进化找到解决方案。刺猬已经进化，看到接近的车头灯时，不再蜷缩成一团，而是会逃跑。同样，苍蝇也可能进化出一种思维，让它们沿着进来时的路线离开房子。但就目前而言，苍蝇依然会不断地撞在玻璃窗上。

我们真的比苍蝇先进很多吗？很多人都曾有过一不小心撞到玻璃门上的经历，所以会有一定的共鸣。但是撞过一次之后，我们就不会撞第二次了。

为什么所有的昆虫都试图在晚上进入室内呢？许多浪漫的寓言故事都提到，飞蛾会因为着迷于蜡烛的光亮而奋不顾身地扑到火苗上。证据表明这是无稽之谈，是典型的后旧石器时代思维——看到了自己想要看到的东西，并用丰富的、似是而非的科学理论来解释，而忽视了证据之间的相互矛盾。你完全可以自己做个实验，不用得到什么科学研究委员会的批准，也不用政府拨款。只要在房间里点一根蜡烛，让窗户开着，昆虫会飞进来，但它们不会扑向火苗，而是会停在房间的墙壁上，就像一群人在等待歌舞表演开始一样。对于这种现象的解释就像房间里的昆虫一样多：有些科学家认为，这些昆虫误把烛光认作月亮，并试图利用它来导航；有些科学家认为，昼伏夜出的昆虫跟夜伏昼出的昆虫一样，把更明亮的地方与天空和自由联系在一起；还有人认为，这些昼伏夜出的昆虫之所以会在四周的白墙上安顿下来，也许是因为它们看到了白色就误以为白昼已经到来，于是睡着了；另一种观点认为，或者它们被明亮的光线弄得眼花缭乱，无法逃离，因为其他地方都一团漆黑。

或许有一天，会出现一种小型的功能性磁共振成像装置，帮助蛾类心理学家看到蛾类的大脑是如何工作的。而在那天到来之前，我们必须从这些荒诞不经的说法中做出选择。

鼻涕虫直奔生菜而去。

当鼻涕虫从菜园里所有的植物中挑出我们最喜欢的生菜时，谁都会感到非常愤怒。它们只是鼻涕虫，为什么就不能乖乖地去吃阔叶野草呢？它们怎敢如此自命不凡！

鼻涕虫喜欢生菜叶子，跟人类喜欢吃生菜的原因一模一样——生菜毒性更小。在过去的两亿年里，植物为了避免被吃掉，在汁液中产生了一系列令人眼花缭乱的化学物质。其中包括无机盐、有机盐、有毒矿物质、醇类、醛类、生物碱、多酚类化合物和水杨酸盐。

有些带毒性的植物已经被我们改造和利用，比如制成香烟、奎宁和咖啡。有些已经实现了药用价值，如在柳树皮中发现了阿司匹林，又如从毛地黄中提取了洋地黄制剂，这是一种强心剂，如果用得太多还是会中毒。还有些是精心培育出来的食用品种，如土豆和西红柿，它们都是致命的茄属植物的后代。

生菜属于菊科植物，已经被培育了至少两千五百年，人类尽可能地使其甜而无毒，这就是我们和鼻涕虫都喜欢它的原因。

对你越有好处，味道越糟糕。

味道平淡的食物是有缺陷的，它们无法提供人体所需的一些物质。深色蔬菜中含有大量的维生素、胡萝卜素、叶酸、钙和钾，所以味道也更加强烈。

人类对于口味的喜好类型很少出现变化，即使改变，也需要花费很长时间，因为味觉和嗅觉与杏仁核紧密相连。厌恶的感觉永远不会被忘记，任何被味蕾归类为“异类”的东西都会被谨慎对待。这份警惕性是一种生存机制，因为一旦把有毒的东西吃进肚子里，我们就无能为力了。

儿童生来就有特定的判断标准，他们对食物的简单品味反映了这一点。儿童会对成年人习以为常的很多东西嗤之以鼻，如咖喱、咖啡、啤酒、芥末、辣椒或腌洋葱，但是他们会愉快地接受水果、意大利面、牛奶、黄油和面包。儿童在闻到腐败牛奶的气味时，会本能地把头扭开，但如果用正确方法加以引导，他们也会喜欢上某些发酵的奶制品，如酸奶和奶酪。尝试更多新奇的食物是一种社会行为，但在做出鲁莽的尝试之前，孩子们必须要确认那些喝了咖啡的人没有倒地而亡。

未出生的婴儿更加挑剔。对于一位怀孕的女性来说，她吃什么，胎儿就跟着吃什么，所以她必须对自己吃的东西非常留意。妊娠期的妈妈们常常对某些食物的气味感到恶心。许多医生认为晨吐是一种谨慎的生理反应，目的是保护胎儿免受来自食物中有毒物质的任何伤害。

在健身中心，不是热水池太热，就是冷水池太冷，或是二者兼而有之。

健身中心通常有两个或更多温度不同的游泳池，它们能训练你体内的动态平衡调节系统。

我们的身体只能在很小的温度范围内（20~24 摄氏度，或 68~75 华氏度）正常运转，位于大脑中央的下丘脑会帮你保持这个范围。温度过高时，皮肤表面的毛细血管就会膨胀，血液会流向皮肤表面帮助散热，于是皮肤变红。这时你开始流汗，通过蒸发汗水来降温。如果温度继续居高不下，你就会变得昏昏欲睡，这是身体在阻止你继续运动下去，因为运动会让你变得更热。

在这种机制下，当你适应了舒适的热水池之后，就会觉得冷水池非常冷。进入冷水池，下丘脑开始减少毛细血管的血流量，于是皮肤变白，流汗停止。这时，如果你不奋力游动，就会浑身发抖，因为身体要用抖动的方式产生热量。而一旦体温回升，你体内的平衡机制准备放松一下时，如果你再回到热水池，就会震惊地发现它变得有多热。

海水冰冷时，你要跳进去；
当海水变得暖和时，你却不得不回家。

健身中心的泳池有冷热之分，因为水温是人工控制的。但在户外，一切都在同一个环境中，难道不应该有同样的温度吗？海水不应该和沙子一样暖和吗？毕竟，太阳对两者的照射是一样的。

阳光不会直接加热海洋或空气，而是穿过它们，加热地面，然后再通过传导来加热水或者空气。阳光穿过海水时，的确会使水温升高，但不会高太多。和海水相比，空气可以更快地被地面加热。所以即使在阳光下你觉得很温暖，也要晚些再进入海水。

好了，现在差不多了，跳进去吧！不一会儿你就适应了水温，觉得大海非常暖和。这时你看看表，哦，时间到了，该回家了。

这就是墨菲定律。

你一打开房间里的灯，室外就又回到了午夜。

你在黎明前起床，外面的天空已经微亮，但还没有完全亮。你刚打开房间里的灯，外面就一下子黑暗下来。似乎当你打开室内灯的开关时，也关掉了室外的开关。

你的眼睛通过调节通光孔来直接适应光照强度。房间里一团漆黑时，虹膜会扩张，让更多的光线进入眼睛。当你用调整好的眼睛观察微亮的天空时，似乎天空已经非常亮了。当房间里的灯亮起来时，虹膜肌肉就会收缩，避免强光刺激眼睛，而这样外面就会变得相对黑暗。

小结：相信科学，不要慌

具有讽刺意味的是，越是用科学来解释这个世界的奇怪之处，就越使这个世界失去活力。比如火星，我们希望它是红色的、浪漫的、有人居住的，但是很抱歉，它本来是灰色的、沉闷的、没有生气的。

世界上有许多古老的故事，它们不仅比枯燥的科学更有趣，而且看起来更加可信。例如，亚里士多德有一个非常精彩的理论：宇宙由四种元素构成，分别是土、空气、火和水，它们都渴望回到自己的自然家园，火要升到空中，土要回到地面；所以苹果从树上掉下来是为了回到大地母亲的怀抱，火焰向上是因为要回到天堂。亚里士多德这一说法天衣无缝，是两千年来唯一被接受的理论，但它是错误的。

从亚里士多德时代到文艺复兴时期，天真科学、万物有灵论和自我中心主义这三大支柱支撑了科学长达两千年之久。我们认为，古老的理论已经被文艺复兴时期、理性时代和工业革命时期头脑聪明而清晰的人抛弃。哥白尼、牛顿和爱因斯坦清晰、严肃的思维本应照亮所有黑暗的角落，但墨菲定律表明，世界上仍有一些阴影，我们还有很多错误的认识需要摒弃，还有很多黑暗的地方需要照亮。

结语：
搞懂墨菲定律，就能理解生活

每次墨菲定律找上门时，我们都要好好反思，应该如何正确处理各种日常琐事。

毕竟，我们并不是用最好材料组成的。人类这个物种由上次大规模灭绝遗留下来的残片拼凑而成。在六千五百万年前那个糟糕的日子之前，还有许多更糟糕的日子一次又一次地几乎毁灭地球上的生命。在那个日子之后，也发生了很多次炽热、严寒、洪水和撞击。在地球存在的五十亿年里，地球及其居民一直被用作宇宙射击练习的靶子。后来，随着尘埃落定，我们人类出现了，不是一个日渐完美的平稳过程的光辉顶点，而仅仅是意外的幸存者，跌跌撞撞地从射击范围内走出来。人类的出现本身完全是侥幸。如果不是六千五百万年前的希克苏鲁伯

（Chicxulub）陨石，我们现在可能依然是恐龙的零食。所以不要指望从人类身上找到完美，因为你只能找到垃圾，与其说我们是智人，不如说是碎片。

所谓的“垃圾”是指什么呢？许多遗传学家告诉我们，首先是垃圾 DNA，其中 90% 是浪费空间；然后是垃圾身体（看看你身上的鸡皮疙瘩，绝望吧）；接着是一个充斥着怪癖、妥协和权宜之计的垃圾大脑。谁会认为胼胝体的存在是个好主意呢？大脑被从中间隔开，分成两个半球，里面到处都是神经线路——左耳的相关皮层在大脑的右侧，而右耳的相关皮层在大脑的左侧，视觉皮层在大脑后部，离眼睛最远。

墨菲定律的奇怪运作方式表明了这种混乱。本书第一章指出我们对于看到的是什么并不太确定，第二章表明我们几乎无法对其加以衡量，第三章指出我们的记忆是多么模糊，第四章表明我们会用这些模糊的记忆来得出最离奇的结论。所有这些似乎都无关紧要，因为第五章表明我们更容易相信情绪说出的一切。然后，正如第六章所示，我们的想法在很大程度上取决于周围的人认为我们应该怎么想，从似曾相识到投票模式，到处都充满了模糊性。

在旧石器时代，所有这些都没有关系。在人们以怀疑的目光把削尖的燧石看作一种新奇技术的时代，世界非常简单，很容易预测，因此没有墨菲定律的一席之地。而在今天，一切都变得更加复杂。例如，在吐司涂了黄油的一面朝下掉到地上之前，我们先要发明出很多东西：黄油、刀子、盘子，当然还有吐司。

在那些简单的日子里，人在10岁时就已经学会了他所需要知道的一切。从此，这个世界就不再有什么可以惊奇的了。今天我们生活在火箭推动的时代，这让我们产生了时差。我们尽最大努力学习新的方法，但就像学习驾驶一样，总是会在拐弯时打滑。

我们继承到的心智在某些方面还不足以适应现代社会，而在另一些方面它又太强大了。文明已经将人类最基本的欲望置于控制之下，这些欲望分别是进食（feeding）、战斗（fighting）、逃跑（fleeing）和性爱（fornication），在英语里这四个词语都以字母F开头，所以我们可以称其为"4F"。在一个充满诱人味道的世界里，吃东西的欲望并不容易控制，路怒症重新激活了我们本能的战斗/逃跑反应，至于性，我们至今仍然做不到"孩子已经够多了，我们不要再做爱了"，然后就把性欲关掉。

这里有一个例子，从中可以看出大脑是怎样努力保持控制的。现在的我们，已经对动画片司空见惯。但是在早期，华特·迪士尼发现要让《白雪公主》中人物的口型与声音完全同步并非易事，因为如果口型与声音完全同步，给观众的感觉就会是口型落后于声音。人们的大脑似乎在与这种新奇的动画做斗争，这扭曲了他们对时间的感觉。华特·迪士尼发现了这个问题，于是就让口型和声音稍微不同步，让声音稍微提前于画面。这对观众很有帮助，每个人都很开心，动画看起来也很同步。现代观众已经适应了动画片，大脑的运转速度更快，因此在今天看来，早期的迪士尼经典动画似乎是另一种方式的不同步了。

控制镜像神经元的难度与墨菲定律的关系尤为密切，这种与周围群体产生同理心的能力往往会溢出到周围的环境中。我们会与无生命的物体产生同理心，因此当它们不正常运作时，我们会武断地迁怒于它们。

可见，大脑就像是一头在地球上肆意冲撞的野兽。它很少去思考，而是会怀抱各种期望。它不愿意直面现实。它会根据很少的证据，甚至不根据任何证据就匆忙得出结论。它认为万物有灵。你会把身家性命托付给这样的大脑吗？即便在玩木制拼图游戏时，你会信任它吗？

如果你已经熟悉了墨菲定律，就可能会发现，在处理日常事务时，它会以比之前更突然的方式出现在你面前。你可以故意让自己相信一起发生的事情是互为因果的，现实就真的会变成这样。你可以这样试一下：告诉自己，有点儿疏离你的人是小人，或者这页书上的文字是歪的，或者你十分信任的政治家（如果有的话）正在密谋推翻政府。你会惊讶地发现，现实非常容易地印证着这些新情况。

令人惊奇的是，对于地球上 90% 的事物，我们确实有 90% 的概率能够理解。墨菲定律只是我们生活中的一小部分，对此我们应该心存感激。如果从积极的角度来看，它可能会大大有助于我们理解自己的生活方式。

（全书完）

参考文献

Chapter 1 墨菲定律起因于太相信自己的感知

1 Cherry, E.C. (1953) 'Some experiments on the recognition of speech, with one and with two ears'. *Journal of the Acoustical Society of America*, **25**, 975-79.

2 Sacks, O. (1985) *The Man Who Mistook his Wife for a Hat*. London: Duckworth.

3 Wiseman, R., Watt, C., Stevens, P., Greening, E. and O'Keeffe, C. (2003) 'An investigation into alleged "hauntings"'. *British Journal of Psychology*, **94**, 195-211.

4 Eysenck, M.W. and Keane, M.T. (1995) *Cognitive Psychology*. Hove: Lawrence Erlbaum Associates.

Chapter 2 墨菲定律大行其道

1 Cited in 'Time perception', in *Handbook of Experimental Psychology* (ed. S.S. Stevens). New York: Wiley, 1951, p.1231.

2 Sacks, O. (1973) *Awakenings*. London: Duckworth.

3 Bloomer, C.M. (1976) *Principles of Visual Perception*. New York: Van Nostrand Reinhold.

Chapter 3 被墨菲定律操纵的记忆

1 Rose, S. (1992) *The Making of Memory*. London: Bantam.

2 Nisbett, R. and Wilson, T. (1977) 'Telling more than we can know: Verbal reports on mental processes'. *Psychological Review*, **84**, 231-59.

Chapter 4 天真科学家

1 Roethlisberger, F.J. and Dickson, W.J. (1939) *Management and the Worker: An account of a research program conducted by the Western Electric Company, Chicago*. Cambridge, Mass.: Harvard University Press.

2 'The whole truth'. *New Scientist*, 182(2445), 1 May 2004, p.3.

3 Nader, K. (2003) *'Memory traces unbound'. Trends in Neuroscience*, **26**(2), 65-72.

Chapter 5 情绪导致的墨菲定律

1 Schachter, S. and Wheeler, L. (1962) 'Epinephrine, chlorpromazine and amusement'. *Journal of Abnormal and Social Psychology*, **65**, 121-8.

2 Bartels, A. and Zeki, S. (2000) 'The neural basis of romantic love'. *NeuroReport*, **17**(11), 3829-383.

3 Dutton, D.G. and Aron, A.P. (1974) 'Some evidence for heightened sexual attraction under conditions of high anxiety'. *Journal of Personality and Social Psychology*, **30**, 510-17.

4 Raine, A., Buchsbaum, M., and LaCasse, L. (1997) 'Brain abnormalities in murderers indicated by positron emission tomography'. *Biological Psychiatry*, **42**, 95-508.

5 Glaser, D. (2000) 'Child abuse and neglect and the brain'. *Journal of Child Psy-*

chology and Psychiatry, **41**(1), 97-116.

6 Horn, M. (2002) 'Premenstrual syndrome as a criminal defense in the American legal system'. *LA 401: Science, Technology, and Human Values*. Baker University.

7 Sowell, E.R., Thompson, P.M., Holmes, C.J., *et al.* (1999) 'In vivo evidence for post-adolescent brain maturation in frontal and striatal regions'. *Nature Neuroscience*, **2**(10), 859-61.

8 Marsicano, G., Wotjak, C.T., Azad, S.C. *et al.* (2002) 'The endogenous cannabinoid system controls extinction of aversive memories'. *Nature*, **418**, 530-4.

9 Heider, F. and Simmel, M. (1944) 'An experimental study of apparent behavior'. *American Journal of Psychology*, **57**(2 April), 243–59.

10 Damasio, A.R. (1994) *Descarte's Error: Emotion, Reason and the Emotional Brain*. New York: Putnam.

Chapter 6 人群中的墨菲定律

1 Rizzolatti, G. and Arbib, M.A. (1998) 'Language within our grasp'. *Trends in Neurosciences*, **21**(5), 188-94.

2 Gopnik, A., Meltzoff, A. and Kuhl, P. (1999) *The Scientist in the Crib: Minds, Brains, and How Children Learn*. New York: William Morrow & Co.

3 Watanabe, K. (1994) in *The Ethological Roots of Culture* (ed.R.A.Gardner *et al.*), Dordrecht: Kluwer, pp.81-94.

4 Sherif, M. (1935) 'A study of social factors in perception'. *Archives of Psychology*, **27**, 187.

5 Ekman, P., Davidson, R.J. and Friesen, W.V. (1990) 'Emotional expression and brain physiology II: The Duchenne smile'. *Journal of Personality and Social Psychology*, **58**, 342-53.

6 Asch, S. (1946) 'Forming impressions of personality'. *Journal of Abnormal and Social Psychology*, **41**, 258-90.

7 Adler, R. (2000) 'Pigeonholed'. *New Scientist*, **167**(2258), 38.

8 Bargh, J.A., Chen, M. and Burrows, L. (1996) 'The automaticity of social behaviour: direct effects of trait concept and stereotype activation on action'. *Journal of Personality and Social Psychology*, **71**, 230-44.

9 Goldstein, J.S. (2001) *War and Gender: how gender shapes the war system and vice versa*. Cambridge: Cambridge University Press.

10 Mbokasi, B., Visser, D. and Fourie, L. (2004) 'Management perceptions of competencies essential for middle managers'. *SA Journal of Industrial Psychology*, **30**(1), 1-9.

11 Milgram, S. (1963) 'Behavioural study of obedience'. *Journal of Abnormal and Social Psychology*, **67**, 391-8.

12 Zimbardo, P. (1973) 'The Stanford prison experiment'. *Cognition*, **2**(2), 243-55.

13 Asch, S.E. (1955) 'Opinions and social pressure'. *Scientific American*, **193**(November), 31-5.

14 Festinger, L. (1957) *A Theory of Cognitive Dissonance*. New York: Harper & Row.

15 Schechter, B. (2002) 'Push me, pull me'. *New Scientist*, **175**(2357), 24 August, 45-7.

16 Holmes, B. (2001) 'In search of God'. *New Scientist*, **170**(2287), 21 April, 24.

Chapter 8 墨菲定律总揽宇宙?

1 Butterworth, B. (1999) *The Mathematical Brain*. London: Macmillan.

作者｜理查德·罗宾逊（Richard Robinson）

作家，主持人。

著有多本大众领域的畅销书，其中由牛津大学出版社出版的“科学魔术”系列入围全球科普书顶级荣誉——安万特奖（Aventis Prize）。

持续研究墨菲定律多年，著有多本相关作品。本书是他一系列作品中最具整体性、最有分量的代表之作。他在本书中揭示了墨菲定律的三大秘密——天真科学、万物有灵论和自我中心主义。

译者｜马百亮

上海交通大学英语语言文学硕士，上海师范大学人文与传播学院博士在读，任教于上海海洋大学外国语学院。

已翻译作品：
《统治史》《战争的面目》《古典欧洲的诞生》《希腊艺术导论》《罗马的复辟》《酒：一部文化史》等。

墨菲定律

作者 _ [英] 理查德 · 罗宾逊　译者 _ 马百亮

产品经理 _ 谭思灏　刘昀琪　装帧设计 _ 董歆昱　产品总监 _ 木木　内文插画 _ 吴偲靓
技术编辑 _ 顾逸飞　责任印制 _ 杨景依　出品人 _ 贺彦军

营销团队 _ 毛婷　阮班欢

果麦
www.guomai.cn

以 微 小 的 力 量 推 动 文 明

图书在版编目（CIP）数据

墨菲定律 /（英）理查德·罗宾逊著；马百亮译
.—天津：天津人民出版社，2020.5（2024.12重印）

书名原文：WHY THE TOAST ALWAYS LANDS BUTTER SIDE DOWN：The Science Of Murphy's Law 原出版地：英国

ISBN 978-7-201-15908-9

Ⅰ.①墨… Ⅱ.①理… ②马… Ⅲ.①成功心理－通俗读物 Ⅳ.①B848.4-49

中国版本图书馆CIP数据核字（2020）第059816号

图字02-2020-49号

墨菲定律

MOFEI DINGLÜ

出　　版　天津人民出版社
出 版 人　刘锦泉
地　　址　天津市和平区西康路 35 号康岳大厦
邮政编码　300051
邮购电话　022-23332469
电子信箱　reader@tjrmcbs.com

责任编辑　王佳欢
特约编辑　康嘉瑄
产品经理　谭思灏　刘昀琪
装帧设计　董歆昱

制版印刷　天津丰富彩艺印刷有限公司
经　　销　新华书店
　　　　　果麦文化传媒股份有限公司
开　　本　880 毫米 ×1230 毫米　1/32
印　　张　7.75
印　　数　98, 001—101, 000
字　　数　145 千字
版次印次　2020 年 5 月第 1 版　2024 年 12 月第 20 次印刷
定　　价　39.80 元